OTTI MARGRAF

Quantitative Analyse hierarchischer Strukturen

BEITRÄGE ZUR FORSCHUNGSTECHNOLOGIE

Schriftenreihe für Experimentalmethodik, Systemanalyse und Instrumentierung in der naturwissenschaftlichen, medizinischen und technischen Forschung

Begründet von Günther Lotz †

Herausgegeben vom 1. Vizepräsidenten der Akademie der Wissenschaften der DDR Ulrich Hofmann

BAND 16

Otti Margraf

Quantitative Analyse hierarchischer Strukturen

Mit 31 Abbildungen, davon 7 als Beilage, und 11 Tabellen

AKADEMIE-VERLAG BERLIN 1987

Anschrift des Autors:
Dr. rer. nat. Otti Margraf
Institut für Geographie und Geoökologie
der Akademie der Wissenschaften der DDR
Georgi-Dimitroff-Platz 1
DDR-7010 Leipzig

Manuskriptabschluß: Juli 1986

ISBN 3-05-500340-3
ISSN 0323-5130

Erschienen im Akademie-Verlag Berlin, DDR-1086 Berlin, Leipziger Str. 3—4

Lizenznummer: 202 · 100/422/87
Printed in the German Democratic Republic
Gesamtherstellung: VEB Druckerei „Thomas Müntzer", 5820 Bad Langensalza
Einbandgestaltung: Karl Salzbrunn
LSV 5065
Bestellnummer: 763 725 2 (2167/16)

02000

Hierarchie – interdisziplinär?

In diesem Band ist von (speziellen) hierarchischen Strukturen die Rede, allerdings nicht von ἱερός ἀρχαῖος, der „heiligen Herrschaft" oder gar der Priesterherrschaft. Vielmehr wird über hierarchisch arrangierte Strukturen berichtet wie sie die Natur hervorbringt bzw. wie sie von Menschenhand gestaltet oder – soweit sie naturgegeben sind – lebenserhaltend umgeformt werden.

Das Thema Hierarchie, in seiner Allgemeinheit und Komplexität in der Literatur kaum umfassend behandelt, ist durchaus weitgefaßter Auslegungen fähig. Im Prinzip werden die sich verzweigenden Folgeglieder einer Hierarchie durch eine übergeordnete Instanz generiert, subordiniert, majorisiert bzw. gesteuert oder koordiniert. Staatliche industrielle, volkswirtschaftliche und gesellschaftliche Organisationsformen tragen in ihren Sequenzen und Verflechtungen deutliche Merkmale einer hierarchisch gestuften Rang- oder Machtordnung. Ein anderes, weniger geläufiges Beispiel: Die logische oder systematisierende Unterordnung bestimmter Termini sowie deren Abhängigkeiten von den betreffenden Oberbegriffen in einer Sachklassifikation konstituieren ebenfalls eine hierarchische Ordnung. Dem Terminus Hierarchie kommt – wie ersichtlich – heute bereits allgemeine Bedeutung zu.

In der *Philosophie* wird die Theorie der Hierarchie bzw. der Hierarchiesysteme als spezielle Anwendung der „Dialektik von Teil und Ganzem" erörtert, womit deren allgemeine Existenzbedingungen fixiert sind.

Die *Physik* hat es verschiedentlich mit Prozessen zu tun, die einem dynamischen hierarchischen Prinzip gehorchen: Beispielgebend sei an die Kaskaden einer Ionenlawine (Generationenfolge), erzeugt durch Stoßionisation in einer Gasentladungsröhre, erinnert. – Ein Kernreaktor würde schwerlich weiter kritisch arbeiten, wenn nicht in einem *Kettenprozeß* ständig erneut Folgen reaktionsfähiger „Tochterneutronen" erzeugt würden. – Vermutlich besteht im kosmischen Gravitationsfeld ein ausgesprochen hierarchisches Gefüge, also zwischen Milchstraßen, Sonnensystemen, Planetenbegleitern und interstellarer Materie.

Die *Kybernetik* bedient sich bereits des Begriffes Hierarchie und kennzeichnet damit die Komplexität und Kompliziertheit der Systeme ihrer Disziplin. Die *Halbleiter-Schaltungstechnik* koppelt z. B. mehrere Mikroprozessoren u. a. durch „Zusammenschaltung zu einer hierarchischen Struktur mit mehreren Ebenen".[1] Sofern mindestens zwei Systeme zu einem System höherer Ordnung zusammengefügt (geschaltet, gekoppelt) werden, entstehen ersichtlich *Systemhierarchien.* Diese sind – je nach der angestrebten Funktion – nach unter-

1 W. Meiling: „Mikroprozessor – Mikrorechner", Beiträge zur Forschungstechnologie, Bd. 5, Akademie-Verlag Berlin 1979.

schiedlichen Prinzipien realisierbar. Im hierarchischen System ist die Kompetenz für das Funktionieren des Gesamtsystems nach hierarchischen Prinzipien auf bedingt autonome Teilsysteme delegiert.

Angesichts solcher Umstände und Gegebenheiten verzweigen und verteilen sich offenbar auch *Informationsströme* beliebiger Art und Beschaffenheit nach einem dynamisch-hierarchischen Prinzip. Maßgebend dafür, ob eine beliebige Struktur hierarchisch aufgebaut ist oder nicht, ist die Art und Weise jenes genetischen Zusammenhanges, der die strukturelle Subordination kennzeichnet. Unter anderem zieht die *Spieltheorie* (allgemein die mathematische Theorie der Konfliktsituationen) die jeweils zuständigen Informationen ins Kalkül und veranschaulicht den Spielverlauf, die Züge, durch das topologische Modell des hierarchisch gegliederten *Spielbaumes.* Daß beliebige hierarchische Strukturen *mathematisch* erfaßt, modelliert, beschrieben und analysiert werden können, ist danach evident. Der Autor führt das in diesem Band vor, stellt das verallgemeinerungsfähige mathematisch-methodische Rüstzeug bereit und wendet es auf den praktisch bedeutsamen Fall der versorgungsräumlichen Beziehungen in einem abgrenzbaren Territorium an.

Die Ausführbarkeit eines mathematischen Hierarchiekalküls bedarf keiner eingehenden Begründung. Weisen doch bestimmte mathematische Sachverhalte oder Strukturen bereits selbst, in sich, Merkmale einer hierarchischen Ordnung auf. Das ist mit einem einfachen Beispiel zu belegen: Die Binominalkoeffizienten folgen einem hierarchischen Prinzip, wie es sich unmittelbar anschaulich im PASCALschen Dreieck zeigt. Jeder folgende Koeffizient wird additiv – und im Zentralteil zu größeren ganzen Zahlen fortschreitend – aus den beiden links und rechts darüber stehenden Koeffizienten gebildet.

„Die *Kybernetische Systemtheorie* ist in der Lage, exakte mathematische Entsprechungen für die verschiedenen Typen der Systemhierarchie anzugeben" G. KLAUS, M. BUHR: „Philosophisches Wörterbuch"). Eine mathematische Modellierung gelingt selbst für die reichlich komplizierten Verhältnisse in Biologie und Gesellschaft, für diese *multistabilen* hierarchischen Systeme.

Das Gefüge der *Volkswirtschaft* ist, neben Kreislaufprozessen und Rückkopplungen, auch durch dynamisch-hierarchische Beziehungen in ihren Verzweigungen, Verästelungen und Entwicklungen gekennzeichnet. Umfassende, übergreifende volkswirtschaftliche Analysen stützen sich auf die dynamische *Verflechtungsbilanz,* eine „mathematische Abbildung und ein Instrument zur *Struktur-* und Kreislaufanalyse" des Systems *Wirtschaftsstruktur* (s. G. KLAUS: „Wörterbuch der Kybernetik", Dietz-Verlag 1967). Die Eingangsgrößen für derartige Analysen nach verschiedenen Wechselbeziehungen werden zunächst in *Input – Output – Tabellen,* den *statischen* Verflechtungsbeziehungen, zusammengefaßt. Sie widerspiegeln den „Ist-Zustand" der jährlichen Produktions- und Dienstleistungsströme zwischen den Bereichen der Volkswirtschaft einschließlich der Haushalte. Die sukzessive mathematische Formalisierung dieses

Zahlenmaterials führt zunächst auf *Struktur- (Koeffizienten-) Matrizen.* Deren tabellarische Inhalte erlauben – unter diversen Voraussetzungen – in Matrizen- bzw. Vektorschreibweise, etwa als Bruttoproduktions-, Endverbrauchs- sowie Planungsvektoren rein mathematische Operationen mit dem Ziel der (dynamisch zu gestaltenden) Planung und Prognose.

In verschiedener Hinsicht analog gestaltet sich das Vorgehen der in diesem Band dargelegten Verfahrensweise der Analyse einer hierarchischen Struktur (hier speziell einer gegebenen geographisch-territorialen Organisationsform). Voraussetzung dafür ist, daß

1. das Wesen einer Hierarchie *theoretisch abgeleitet* (Bestimmung hierarchischer Kategorien, Beziehungen, Ordnungen),
2. orientiert an der *angewandten Strukturtheorie* (STOSCHEK, 1981), mathematisch-rechentechnisch *formalisiert* und
3. vom empirischen, hypothetischen oder theoretischen Konzept der Unterordnung ausgehend, für die praktische Anwendung *operationalisiert* ist.

Solcherart muß der logische und der mathematisch-rechentechnische Apparat, gewissermaßen als methodische Grundausstattung, gegeben sein. Die in der Analyse zu vollziehenden Operationen sind dann – kurz gefaßt – folgende:

1. Feldmessungen bzw. -analysen, d. h. umfassende Sammlung statistisch gesicherten Datenmaterials („Input"),
2. Aufstellung von Datenmatrizen, deren Umwandlung in transformierte Datenmatrizen sowie daraus die Ableitung von (empirischen) Strukturmatrizen,
3. Ausführung des Hierarchierungsverfahrens als Verarbeitungsschritt zwischen der (empirischen) Strukturmatrix und der auf dem theoretischen Konzept der Unterordnung beruhenden (theoretischen) Strukturformmatrix, welche die *hierarchischen Beziehungen* widerspiegelt,
4. Ableitung der Hierarchiestufenmatrix, die Auskunft über die *hierarchische Ordnung* gibt,
5. Darstellung der Resultate in tabellarischer Form (Rechnerausdrucke) bzw. als Graphen („Output"),
6. fachspezifische Analyse und Interpretation (räumlich, funktional, dynamisch).

In dieser Abfolge werden einige forschungstechnologische Bezüge unmittelbar sichtbar:

1. Beliebige Wiederholbarkeit ist gegeben, auch unter veränderten Ausgangsbedingungen, da der mathematische Formalismus dadurch kaum grundlegend beeinflußt wird.
2. Die Methode ist auf den Computer zugeschnitten, erlaubt die Variation der Fragestellungen und die Verarbeitung größerer Datenmengen.
3. Derart sollten Vorausberechnungen, Trendanalysen sowie rechnergestützte

Experimente zur Optimierung einer Struktur und deren Funktionen möglich sein.

4. Folglich ist die Methodik rationell, und sie verspricht eine gesteigerte Effektivität im Forschungsprozeß.

Überdies ist die Methode verallgemeinerungsfähig, da sie auf häufig gegebenen Voraussetzungen aufgebaut ist (Multivalenz). Angesichts der geschilderten Sachverhalte, vor allem aber wegen der forschungstechnologischen Elemente und Bezüge, hoffen die Herausgeber, daß die hier am geographisch-territorialen Beispiel verifizierte Methodik auf andere Disziplinen ausstrahlt und auf deren spezielle Probleme – wenn nötig sachbezogen modifiziert – angewendet werden kann.

Für die Herausgeber

Dietrich Schulze

Geleitwort

Es ist zu begrüßen, daß in dieser Schriftenreihe ein wissenschaftsmethodischer Beitrag erscheint, der mit der Experimentalmethodik und dem wissenschaftlichen Gerätebau nicht unmittelbar zu tun hat, jedoch für die theoretische Entwicklung der Forschung, vor allem im Bereich der angewandten Geographie und der Territorialwissenschaften, äußerst bedeutsam ist. Auch in diesen Disziplinen wurde in den letzten Jahren klar erkannt, daß ohne mathematische Durchdringung und elektronische Datenverarbeitung heute keine fruchtbare, quantitative und damit auch qualitative anspruchsvolle Forschung betrieben werden kann.

Grundanliegen der Geographie ist die Untersuchung der naturgegebenen sowie der gesellschaftlich beeinflußten landschaftlichen bzw. territorialen Strukturen, deren Analyse sowie die systemanalytische Erfassung der sich darin vollziehenden Prozesse. Systemdenken und systemanalytisches Herangehen ist daher vor allem nötig, um befruchtend auf den Forschungsprozeß einzuwirken und die problemgerechte Modellbildung zu gewährleisten. Strukturanalytische Fragen der Geographie erfordern es, die hierarchische Ordnung der Elementegruppierungen und Teilbereiche verschiedener Ebenen zu erkennen und mathematisch darzustellen. Hierzu kann diese Studie beitragen.

Um einen größeren Leserkreis anzusprechen, sind grundlegende philosophische Betrachtungen vorangestellt, die die allgemeinen Existenzbedingungen der Hierarchie dialektisch definieren und die hierarchischen Strukturen hinsichtlich ihrer Funktionalität, Dynamik und ihres Raumverhaltens kennzeichnen. Damit werden wesentliche Voraussetzungen für die nachfolgenden Hierarchiebetrachtungen gegeben und überdies einige notwendige Sachbegriffe wie Reflexivität, Symmetrie, Transitivität, Ganzheit usw. eingeführt.

An einem Beispiel aus der geographischen Zentralorttheorie, zu dem ein EDV-Programm entwickelt worden ist, wird der praktische Wert der Methode verdeutlicht. Daran ist erkennbar, daß sich Funktionsketten und Effekte der Funktionsüberlagerung, die zumeist eine räumliche Mehrfachnutzung bewirken, mittels der Kenntnis der hierarchischen Zusammenhänge exakt bewerten lassen. Auf diesem Wege läßt sich auch das Stabilitätsverhalten der betreffenden Systeme besser beurteilen, und längerfristige Entwicklungen werden in ihrem zeitlichen Nacheinander abbildbar. Überdies ermöglichen Simulationsmodelle, unter Vorgabe verschiedener Ausgangs- und Randbedingungen der Umwelteinwirkung, perspektivische und prognostische Aussagen.

Hier geht es in erster Linie um die Einstufung und Entwicklungsmöglichkeiten stabiler und regulationsfähiger Geosysteme mit dem Ziel, eine optimale Nutzung zu erreichen und kritische Belastbarkeitsschwellen nicht zu überschreiten. Darüber hinaus sind derartige Modelle von Hierarchiebeziehungen sicher auch für wissenschaftliche Untersuchungen sinnvoll und nützlich. Denn zwischen physikalischen, biologischen und gesellschaftlichen Strukturen und Prozessen bestehen manche Gemeinsamkeiten, die durch eine entsprechende Darstellung der Hierarchieverhältnisse aufgezeigt werden können. Folglich wird mit abschließenden Betrachtungen zu denkbaren Ausstrahlungen der behandelten Methodik auf andere Disziplinen dem Streben nach Verallgemeinerung und Multivalenz Rechnung getragen.

Gerhard Schmidt

Inhalt

Einleitung

> Jede geographische Erkenntnis muß ersticken, wenn nicht die zunächst unübersehbare Mannigfaltigkeit der Erscheinungen geordnet werden kann und dadurch übersichtlich wird. Die Beherrschung der geographischen Mannigfaltigkeit ist daher eines der wichtigsten methodischen Grundprobleme der Geographie. Die naturgegebene Mannigfaltigkeit ist geordnet. Es müssen also Ordnungsprinzipien klargelegt werden, unter denen die geographische Mannigfaltigkeit überschaubar gemacht werden kann und die sichere Einordnung einzelner Erkenntnisse und Befunde gewährleistet ist.
>
> E. NEEF

Jeder Wissenschaftler steht vor der Frage nach der Strukturiertheit der Materie innerhalb seines Gegenstandsbereiches. Seien es allgemein physikalische, chemische, biologische, technische, ökonomische, soziale oder politische Strukturen im materiellen Bereich oder Fragen nach der geistigen Struktur, wie die nach der Struktur des gesellschaftlichen Bewußtseins, der Psyche des Individuums, der Wissenschaft oder logische und sprachliche Strukturen. Stets wird wegen der Mannigfaltigkeit der objektiven Realität, bei bereits relativ wenig miteinander verknüpfbaren Elementen, die Anzahl möglicher Strukturen derartig zunehmen, daß eine Einschätzung, Bewertung, der Vergleich oder gar die Optimierung kaum möglich erscheinen.

Wird jedoch von konkreten, klar formulierten Problem- oder Zielstellungen für die Strukturanalyse ausgegangen, so läßt sich das Spektrum an Strukturvarianten auf einige wenige, durch ihre praktische Bedeutung und Häufigkeit ausgezeichnete Strukturformen reduzieren, wie

a) Kausalstrukturen,
b) Äquivalenz- bzw. Ähnlichkeitsstrukturen oder
c) hierarchische Strukturen.

Auf Grund der enormen praktischen Bedeutung für die innere Organisation von materiellen und ideellen Systemen ist die Hierarchie als spezifische Strukturform allgemeiner Gegenstand dieser Publikation.

Der Schwerpunkt, die konkrete Aufgabe, besteht in der mathematisch-rechentechnischen Umsetzung methodologischer Überlegungen für eine zielgerichtete Strukturanalyse. Die Notwendigkeit der hier angestrebten mathematisch-rechentechnischen Umsetzung ergibt sich aus der Allgemeinheit des Problems, dem Umfang entsprechender Analysen in der Praxis (z. B. der Territorialforschung), der Häufigkeit hierarchischer Strukturen und der damit erforderlichen Wiederholbarkeit solcher Analysen.

Das Ziel resultiert vor allem aus geographischen Analysen hierarchisch-strukturierter Systeme und Erscheinungen im Rahmen einer praxisorientierten Territorialforschung. Sie besteht darin, konkrete räumliche Realisierungen hierarchischer Organisationsprinzipien im Territorium aufzuzeigen. Es geht also vordergründig nicht um die Entwicklung von Theorien, die hierarchische Strukturformen erklären, sondern um eine Einschätzung, inwieweit theoretische Konzepte über Hierarchien sich in konkreten Erscheinungen widerspiegeln, als Organisationsprinzipien in Frage kommen bzw. ein konkretes System hierarchisch strukturieren.

Diese Zielsetzung ist nicht neu; sie hat klassische Vorläufer:

a) in dem von L. MEYER sowie D. MENDELEJEW entwickelten Periodensystem der Elemente, worin sich neben der Anzahl der Kernladungen vor allem der Schalenaufbau (der Perioden) als theoretisches Konzept für die vertikale Unterordnung gemäß einem hierarchischen Ordnungsprinzip äußert;
b) in der auf K. v. LINNE zurückgehenden Taxonomie der Organismen, worin die durch morphologische, anatomische, zytologische, biochemische, physiologische, embryologische, genetische, ökologische, biogeographische und paläontologische Merkmale beschriebenen verwandtschaftlichen Zusammenhänge als theoretisches Konzept zur hierarchischen Ordnung der mannigfaltigen Erscheinungsformen der belebten Natur dienen.

Entsprechend modifiziert, läßt sich eine derartige Verfahrensweise auch auf solche Systeme übertragen, deren wahre hierarchische Struktur durch weitere Organisationsprinzipien überlagert und damit „verdeckt" wird, z. B.

a) beim Schachspiel zur Bestimmung eines spielerisch sinnvollen Variantenbaums aus der Menge aller in Frage kommenden Züge an Hand einer bewerteten Strukturmatrix;
b) in der Kernphysik zur Ableitung nicht komplett beobachtbarer Zerfallserscheinungen bzw. Kettenreaktionen mittels einer aus den beobachteten Teilreaktionen zusammengesetzten Strukturmatrix.

Im gesellschaftlichen Bereich ist diese analytische Verfahrensweise vor allem für unterschiedliche, sich überlagernde territoriale und zweigspezifische Organisationsformen, einschließlich individueller Verhaltensweisen, auf dem Gebiet der Versorgung, des Gesundheitswesens oder der Infrastruktur bedeutsam. Die bereits nach hierarchischen Gesichtspunkten gestalteten Strukturen der administrativen Verwaltung oder die Gliederung des RGW bedürfen solcher Analysen kaum.

Die Gliederung folgt dem logischen Gang der zu lösenden theoretischen, methodologischen, methodischen, rechentechnischen und anwendungsbedingten praktischen Teilprobleme des allgemeinen wie des fachspezifischen Inhalts.

1. Ausgangspunkt (Kap. 1) ist eine kurze Darlegung des aktuellen Begriffsinhalts der Hierarchie. Sie soll mit dem Untersuchungsgegenstand vertraut machen.

2. Unter *struktur-theoretischem* Aspekt (Kap. 2) werden die Möglichkeiten einer formalen Charakterisierung der Hierarchie als spezifischer Ordnungsstruktur durch Struktureigenschaften ausgelotet.
3. Die *inhaltliche* Bestimmung des Wesens der Hierarchie (Kap. 3) konzentriert sich auf die Einheit von Allgemeinem und Besonderem. Die allgemeinen, interdisziplinären Wesenszüge als Grundlage für eine Formalisierung sowie die aus geographischen Erscheinungen abgeleiteten, spezifischen Wesenszüge als Basis der Operationalisierung des Hierarchiebegriffs bilden das theoretische Fundament.
4. Aus den allgemeinen Wesenszügen wird die Definition der Hierarchie *formalisierend* abgeleitet. Aus den fachspezifischen Wesensmerkmalen ergibt sich *operationalisierend* der für eine praktikable Handhabung abgeleitete programmierbare Algorithmus. Beide, sowohl die Formalisierung wie die Operationalisierung (Kap. 4) begründen das theoretisch-methodische Konzept zur mathematisch-rechentechnischen Bestimmung von Hierarchien und damit das methodische Fundament.
5. Die Einordnung der Analyse hierarchischer Strukturen als Bestandteil einer quantitativen, geographischen Strukturanalyse geschieht vor allem unter *methodologischen* Gesichtspunkten (Kap. 5). Folglich konzentriert sich die quantitative Methodik auf die Verarbeitung von Datenmatrizen zur Analyse direkt erfaßter bzw. indirekt berechneter, empirischer (quadratischer) Strukturmatrizen.
6. Auf der Grundlage dieser fünf Kapitel erfolgt die *praktische* Umsetzung (Kap. 6) an Hand eines rechentechnisch realisierten Lösungsalgorithmus für folgende Aufgaben:
   a) Als Voraussetzung muß gegeben sein:
   eine empirische (quadratische) Strukturmatrix als quantitativer Ausdruck eines hierarchischen Organisationsprinzips sowie
   ein theoretisches (hypothetisches) Konzept über das zu untersuchende hierarchische Organisationsprinzip.
   b) Der Lösungsalgorithmus analysiert mittels der im theoretischen Konzept gegebenen eindeutigen Zuordnung hinsichtlich einer Unter- bzw. Überordnung die in der empirischen Strukturmatrix gegebenen konkreten Relationen.
   c) Das Ergebnis sind zwei Mengen von konkreten Relationen, die eine entsprechende Beurteilung hinsichtlich des vorausgesetzten, theoretischen Konzepts ermöglichen, und zwar nach
   der Menge der Relationen, die dem hierarchischen Organisationsprinzip entsprechen (Verfahrensmatrix) bzw.
   der Menge der Relationen, die ihm widersprechen (Auflistung).
   d) Exemplifiziert wird das Rechnerprogramm an sieben empirisch erfaßten Quell-Ziel-Matrizen von Interaktionsströmen zur Widerspiegelung von Angebot und Nachfrage zentraler Funktionen bzw. des Arbeitsplatzange-

botes in versorgungsräumlichen Systemen. Im theoretischen Konzept sei der Quellort dem Zielort untergeordnet.

Leider endet die Realisierung der meisten mathematischen Konzepte – nicht nur auf diesem Gebiet – mit einer nur beispielhaften Darlegung der Grundidee. Die rechentechnische Umsetzung ist – falls überhaupt – meistens auf das konkrete Beispiel orientiert (vgl. NYSTUEN/DECAY, 1961; SZYRMER, 1973; MAIK, 1977; ZABLOCKIJ, 1978). Nur wenige Autoren entwickeln auch entsprechende Programme, so daß eine wirkliche Nachvollziehbarkeit und Multivalenz ihrer Ideen gewährleistet ist (vgl. z. B. SLATER, 1976). Eine wirksame Multivalenz, gemessen am Datenumfang und an der Anwendung entwickelter Verfahren, ist nur dann zu erreichen, wenn von der Umsetzung isolierter Probleme, zur systematischen Nutzung der elektronischen Datenverarbeitung übergegangen wird. Dies setzt die theoretische *Formalisierung* umfangreicher Problemklassen, wie die Analyse hierarchischer Strukturen, voraus. Erst deren rechentechnische *Operationalisierung* im Sinne einer modularen, sich bausteinförmig zusammensetzenden Realisierung gewährleistet die praktikable Handhabung. Deshalb ist der rote Faden dieser Darlegungen in der rechentechnischen Realisierung eines allgemein-theoretisch abgeleiteten, inhaltlich-fachspezifischen Konzepts zu sehen. Es wird auf Nachvollziehbarkeit, universelle Anwendbarkeit und leichten programmtechnischen Ausbau orientiert. Vor allem in der Einheit von Formalisierung *und* Operationalisierung ist der Zusammenhang zwischen wissenschaftlich-methodischer Herangehensweise *und* (rechen-)technischer Umsetzung und damit ein Beitrag zur Forschungstechnologie gegeben (vgl. LOTZ/SCHULZE, 1973).

Durch diese Publikation sind zunächst die quantitativ analysierenden Geographen, Territorialforscher und -planer angesprochen. Sie ist in erster Linie ein Beitrag zur methodischen Forschung und ein erster Schritt zu einer mathematisch-rechentechnischen Analyse hierarchischer Strukturen. Damit wendet sie sich auch an die an einer quantitativen Strukturanalyse methodisch interessierten Wissenschaftler.

Für die verständnisvolle Diskussionsbereitschaft und wertvollen Hinweise zur Bewältigung der Problematik danke ich vor allem Herrn E. BACINSKI. Mein Dank gilt außerdem den Herren Prof. Dr. sc. G. KIND, Prof. Dr. habil. G. SCHMIDT und Prof. Dr. sc. D. SCHOLZ für die kritische Durchsicht der Arbeit sowie Herrn Prof. Dr. habil. D. SCHULZE, der als Vorsitzender des Herausgeberkollegiums durch wertvolle Hinweise und persönliches Engagement wesentlich zur Veröffentlichung in den „Beiträgen zur Forschungstechnologie" beigetragen hat.

1. Hierarchie – Entwicklung und aktueller Stand des Begriffsinhaltes

Der Begriff Hierarchie (griech.) zur Bezeichnung der „heiligen Herrschaft", also als Stufenfolge geistlicher Würden bzw. als nach Rangstufen gegliederte Herrschaft im kirchlichen Bereich (Priesterherrschaft), charakterisiert in den meisten Nachschlagewerken nur die historischen Wurzeln. Bereits in der Kopplung kirchlicher und weltlicher Herrschaftsformen (Feudalhierarchie) deutet sich eine Erweiterung des Begriffsinhaltes an. Diese Entwicklung prägte sich mit der einsetzenden Industrialisierung und der Herausbildung entsprechender Leitungsformen in Industriebetrieben, beim Militär usw. deutlicher aus. Nunmehr wird unter Hierarchie im erweiterten Sinne eine allgemeine Organisationsform im gesellschaftlichen Bereich verstanden. Für diese hauptsächlich von der Soziologie (besonders Industriesoziologie) untersuchte Seite seien drei Definitionen beispielhaft zitiert:

a) „*Hierarchisch* nennen wir ein Sozialgebilde, dessen Ordnung wesentlich durch ein institutionalisiertes Stufensystem eindeutiger Über- und Unterordnung bestimmt ist, wobei vorausgesetzt ist, daß dieses System mehr als zwei Stufen enthält." (BAHRDT, 1958, S. 23)

b) „*Hierarchie* – Bezeichnung für ein Herrschaftssystem von vertikal und horizontal festgefügten und nach Über- und Unterordnung gegliederten Rängen. In der idealtypischen H. sind alle Entscheidungsbefugnisse, Kommunikations- und Informationswege, Zuständigkeiten, Kompetenzen und Verantwortlichkeiten von der obersten Spitze bis hinunter zu einem sich stufenweise immer weiter verzweigenden Unterbau pyramidenhaft aufgebaut." (Meyers Enzyklopädisches Lexikon, 1974, Bd. 12, S. 11)

c) „Mit dem Begriff der *Hierarchie* verbindet sich die Vorstellung von einem festen System der Über- und Unterordnung, wobei weisungsbefugte ‚Vorgesetzte' die Tätigkeit ihrer zu Fügsamkeit verpflichteten ‚Untergebenen' anleiten und überwachen. Hinzu kommt, daß das Verhalten beider Seiten durch ein Geflecht von bürokratischen Regelungen und Arrangements vorstrukturiert wird, so daß nichts dem Zufall überlassen bleibt und alle persönlichen Kapricen ausgeschaltet werden." (ZÜNDORF, 1981)

Entsprechend den Tendenzen während der industriellen Revolution wurde der Inhalt des Begriffs Hierarchie mit dem Einsetzen der wissenschaftlich-technischen Revolution erweitert und aktualisiert. Mit der Herausbildung der Kybernetik, also der Betrachtung allgemeiner Steuerungs- und Regelungsmechanismen von Systemen, standen nicht mehr nur soziale, sondern auch technische, ökonomische und biologische Organisationsformen entsprechender Systeme im Blickfeld. Die engen Wechselbeziehungen zwischen den speziell von der Kybernetik betrachteten Steuerungs- und Regelungsprozessen und der allgemeinen Systemstruktur bedingten eine entsprechende systemanalytische Herangehensweise, die sich als kybernetische Teildisziplin mehr und mehr verselbständigt. In diesem Sinne dient die Hierarchie im übertragenen Sinne zunehmend zur Charakterisierung einer Ordnung, z. B.

> „*Systemhierarchie:* Strukturelle Ordnung komplexer oder komplizierter Systeme, deren Bestandteile einfachere Systeme sind" (KLAUS/BUHR, 1974, S. 1203).

Die Wandlung des Begriffsinhaltes zeigt sich auch in neueren Übersetzungsversuchen. Die historischen Wurzeln werden bei der sinngemäßen Übertragung der Teilbegriffe mehr oder weniger ignoriert. So interpretiert DOMBOIS (1971) den Begriff *hiron* nicht vordergründig als „das Heilige", sondern im Sinne von „Grundlage, Gehalt" sowie den Begriff *archein* nicht mehr als „der erste sein" bzw. „herrschen, bestimmen", sondern als *arche* (Ursprung) oder *archia* (Gefüge). Damit charakterisiert er die Hierarchie nicht als „heilige, unbedingte" Ordnung, sondern als „Ordnung, die geschichtsnotwendige Entscheidungen gewährleistet", und nähert sich damit sozialwissenschaftlich dem aus der Dialektik von Teil und Ganzem über die Struktur, Systemstruktur bis in die Hierarchie hineingetragenen Evolutionsgedanken bzw. genetischem Aspekt (vgl. ABRAMOWA, 1961, S. 71). Gemeint ist die Herausbildung optimaler hierarchischer Strukturen unter dem Gesichtspunkt der Zweckmäßigkeit, der zu realisierenden Funktion, des Zieles usw. Von diesem aktuellen Stand des Begriffsinhaltes der Hierarchie sollte, unter Berücksichtigung der Universalität dieser spezifischen Strukturform, eine theoretische Fundierung zur Gewährleistung einer zielgerichteten Strukturanalyse ausgehen. Die Fundierung muß Inhalt und Form sowie die konkrete Aufgabe betrachtend, in folgende Richtungen vorangetrieben werden:

1. Bestimmung der formalen Grundeigenschaften der Hierarchie als spezifische Strukturform, losgelöst von den im einzelnen verkörperten konkreten Inhalten,
2. Analyse des inhaltlichen Hintergrundes dieses Organisations- bzw. Ordnungsprinzips, das durch Unter- und Überordnungen ein Aufeinanderaufbauen verkörpert, und
3. Nutzung des mathematischen Begriffs- und Denkapparates für eine rechentechnische Umsetzung, wobei die formalen und inhaltlichen Erkenntnisse ihren Niederschlag finden müssen.

Um Mißverständnisse bei der Realisierung zu vermeiden, ist ein möglichst exakt definierter Begriffsapparat erforderlich. Den theoretischen Überlegungen dieses Kapitels liegt ein Begriffsgerüst aus dem „Philosophischen Wörterbuch" (KLAUS/BUHR, 1974) zugrunde, das in seinem logischen Zusammenhang in Abbildung 1 dargestellt ist.[1] Manche Begriffe sind in den Wörterbüchern, ja so-

1 Weitere Definitionen und Präzisierungen folgen im Text.

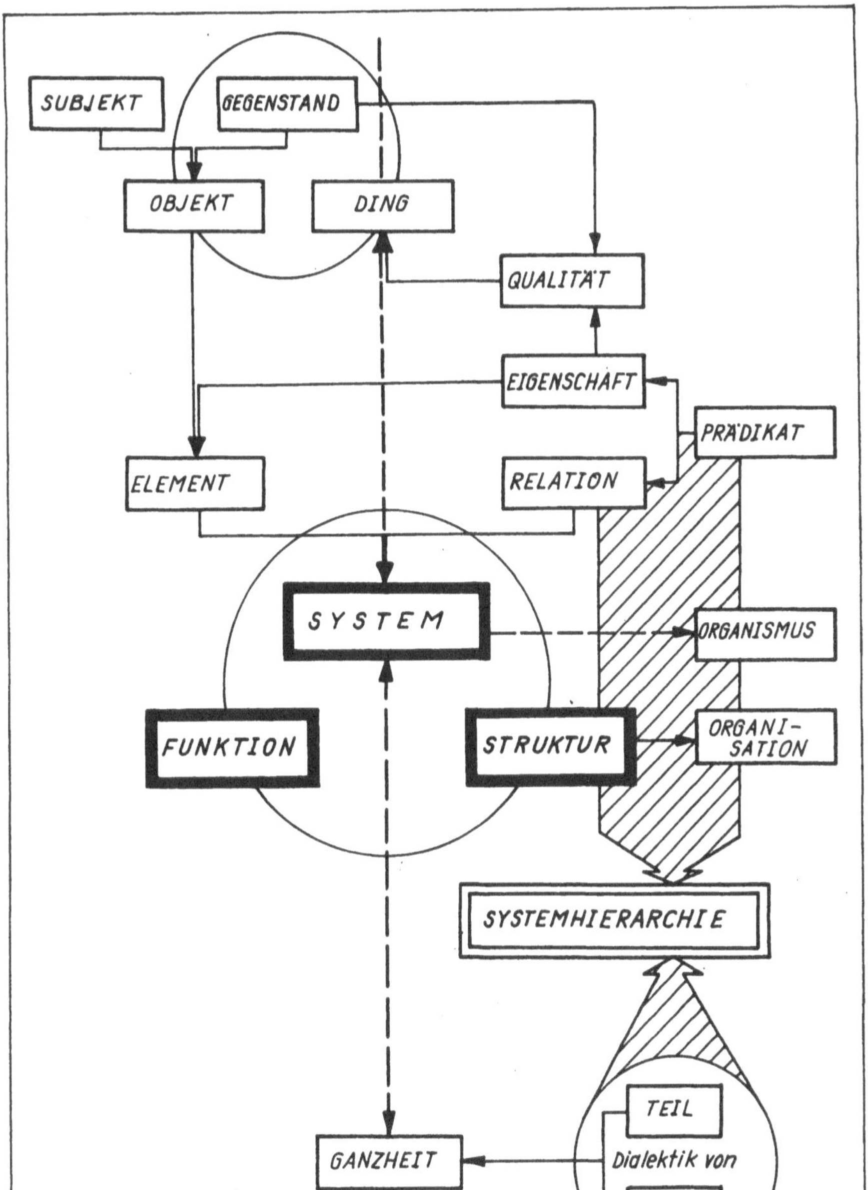

Abb. 1. Logisches Gerüst der verwendeten Begriffe aus dem Philosophischen Wörterbuch (Hrsg. KLAUS/BUHR, 1974, Berlin, 10. Aufl.)

gar in verschiedenen Auflagen *eines* Wörterbuches, sowohl inhaltlich als auch in der Benennung unterschiedlich definiert. Dies ist Ausdruck von z. T. differierenden Auffassungen oder die Widerspiegelung von Entwicklungen bei der Herausbildung des Begriffes. Der Satz: „Eine Definition ist nicht *wahr* oder *falsch*, sondern nur zweckmäßig", zeigt, was eine Definition leistet.

2. Hierarchie – Charakterisierung als spezifische Ordnungsstruktur

Um die Wesenszüge von Hierarchien zu bestimmen, ist eine Betrachtung des allgemeinen Strukturbegriffes angebracht, wobei allgemein kennzeichnende Merkmale einer Struktur herausgearbeitet werden. Davon ausgehend, können die spezifischen Wesensmerkmale hierarchischer Strukturen gegenüber denen anderer Strukturen präziser abgegrenzt werden (Abb. 2).

Unabhängig davon, ob der Strukturbegriff an den Systembegriff gebunden gesehen wird, und von der sich daraus ergebenden Differenzierung in einfache und Systemstrukturen (VOGEL, 1977), wird von folgender Strukturdefinition ausgegangen (vgl. Abb. 1):

> „*Struktur* (lat.): Menge der die Elemente eines Systems miteinander verknüpfenden Relationen" (KLAUS/BUHR, 1974, S. 1180).

In Nuancen abweichende Definitionen in der Literatur, wie die Betrachtung

a) der „Gesamtheit der wesentlichen und unwesentlichen, der allgemeinen und besonderen, der notwendigen und zufälligen Beziehungen" (HÖRZ, 1971, S. 70);
b) der „Gesamtheit der zwischen den aktiven Elementen eines dynamischen Systems bestehenden materiellen Kopplungen" (KLAUS/BUHR, 1974, S. 795) oder
c) der „Struktur als invariantem Aspekt eines Systems auf dem Niveau der Elemente, auf dem Niveau des Zusammenhangs der Elemente und schließlich auf dem Niveau der Ganzheit ..." (OWTSCHINNIKOW, 1969, S. 19),

beruhen im wesentlichen auf den dem allgemeinen Systembegriff immanenten Vorstellungen von Systemen als real existierenden Objekten, von kybernetischen, d. h. steuerbaren Systemen oder von konzeptionellen Systemen im Erkenntnisprozeß zur Ergründung von Gesetzmäßigkeiten.

2.1. Hauptaspekte einer Strukturanalyse

Von diesen Nuancen abgesehen, sind bei Strukturuntersuchungen drei strukturelle Hauptaspekte zu berücksichtigen (vgl. Abb. 2), die je nach dem verwendeten Begriffsgerüst verbal variierend, folgende Sachverhalte analysieren (vgl. auch OWTSCHINNIKOW, 1969):

ALLG. ASP: 1 – Elemente und Teile[1],
ALLG. ASP: 2 – Relationen (Beziehungen, Zusammenhänge) zwischen den Elementen und Teilen sowie
ALLG. ASP: 3 – das Ganze bzw. die Ganzheit.

1 Mit dem Begriff der *Teile* werden die möglichen Stufen zwischen den relativ unzerlegbaren Elementen und dem System als Ganzem berücksichtigt.

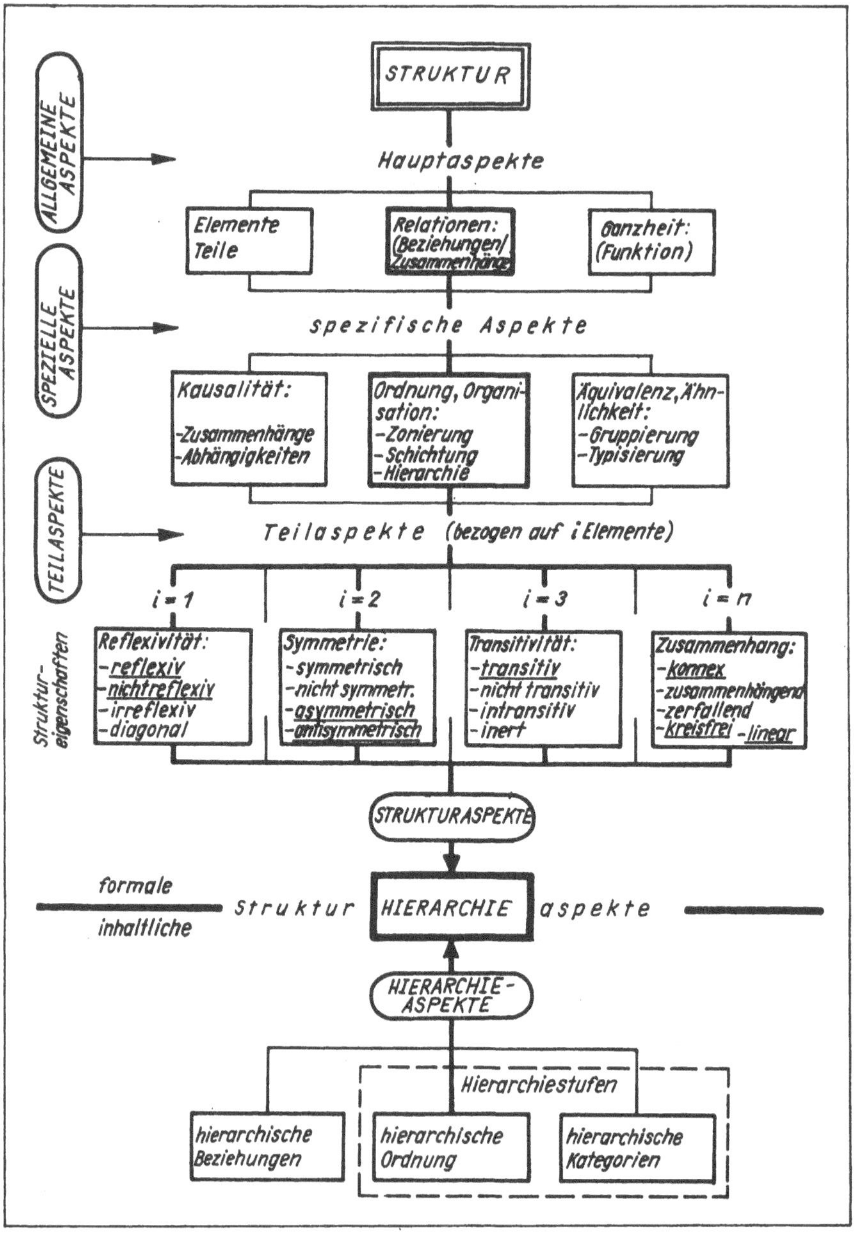

Abb. 2. Hierarchie als spezifische Ordnungsstruktur

Aus diesen drei Hauptaspekten ergeben sich folgende allgemeine Wesenszüge für das Erkennen von Systemstrukturen.

(1) Zum Aspekt der Relationen zwischen den Elementen und Teilen:
Auf dem Niveau der Relationen wird wegen der von den Elementen eingegangenen stabilen Relationen die Existenz des gegebenen Systems bestimmt, und die inneren Bewegungen des Systems werden untersucht.

a) Nicht nur die Konzentration der Strukturdefinition auf die Relationen, sondern auch Aussagen über
b) die Betrachtbarkeit der Relationen zwischen den Elementen „in ihrer relativen Unabhängigkeit von den Elementen" (OWTSCHINNIKOW, 1969, S. 29) oder
c) die Definition des Elements kybernetischer Systeme als „ein Objekt, von dem für die vorliegenden (Steuerungs-)Aufgaben nicht die Kenntnis der inneren Größen und Abhängigkeiten, sondern nur die des ... äußeren Verhaltens erforderlich ist" (REINISCH, 1974, S. 30) sowie
d) die Ergebnisse eigener Untersuchungen,

weisen diesem Aspekt einen zentralen Platz zu (vgl. Abb. 2).

Die beiden anderen Aspekte dürfen jedoch bei strukturanalytischen Betrachtungen nicht von vornherein ausgeschlossen werden, weil sie einerseits mit den Elementen auch die Träger der Relationen erfassen und andererseits das für die Auswahl der zu betrachtenden Relationen einende Moment darstellen.

Hinsichtlich des Grades der Einbeziehung der Elemente und Teile bestehen nach SCHOTT (1976) drei Möglichkeiten:

a) Die Elemente gehören immer mit zur Struktur.
b) Die Struktur umfaßt stets nur die Beziehungen (Relationen); von den Elementen wird abgesehen.
c) Die Zugehörigkeit der Elemente ist kein invarianter Strukturaspekt. Es gibt Strukturen, bei denen die Einbeziehung der Elemente angebracht ist. Andererseits existieren auch Strukturen, die sich nur auf eine Menge von Relationen reduzieren lassen.

(2) Zum Aspekt der Elemente und Teile:
Auf dem Niveau der Elemente bedeutet Strukturuntersuchung vor allem die Bestimmung der diskreten, relativ unzerlegbaren Teile eines Systems. Nach OWTSCHINNIKOW (1969, S. 26 ff.) ist „ein Element ein solcher Teil eines Ganzen, der wesentlich seine Struktur bestimmt. ... ein in einer bestimmten Beziehung unteilbares Ding aus einer Klasse von Dingen, die ein zu untersuchendes System zusammensetzen". Über das Ding als System von Eigenschaften ergibt sich eine strukturbestimmende Wirkung aus den Eigenschaften der Elemente. Da – sinngemäß nach VOGEL (1977) – die objektive Realität in ihrer Gesamtheit von Erscheinungsformen der Materie, einschließlich der Eigenschaften, ... in vielfältiger Weise strukturiert ist, besteht die Möglichkeit, bereits mit Hilfe

von Elementen und Teilen sowie beider Eigenschaften, erste Aussagen über eine mögliche Systemstruktur zu machen.

(3) Zum Aspekt der Ganzheit:
Die Ganzheit einer Struktur tritt ihrem Wesen nach in den äußeren Beziehungen zur Umgebung des betrachteten Systems in Erscheinung. Die Ganzheit von Dingen und damit auch der Struktur besteht in der Einheit, in einer bestimmten Zusammensetzung, in spezifischen Zusammenhängen, in der wechselseitigen Bedingtheit der Elemente und Teile sowie einer inneren Übereinstimmung zwischen ihnen. Daraus ergibt sich das qualitativ eigenständige Verhalten, was oft als „das Ganze ist mehr als die Summe seiner Teile" ausgedrückt wird. Folglich gilt es, die Ganzheitseigenschaften nachzuweisen und damit auf Probleme der (relativen) Geschlossenheit und Stabilität einzugehen. Der Ganzheitsbegriff ist somit das wesentlichste Bindeglied zwischen Struktur und System (Abb. 3). Ist bei strukturanalytischen Untersuchungen die Ganzheit durch die Realisierung einer bestimmten Aufgabe, Funktion usw. an die konkrete, zu untersuchende Struktur gebunden, so löst sie sich bei systemanalytischer Betrachtungsweise von der konkreten Struktur und wird dominant von der Funktion des Systems bestimmt, die durch unterschiedliche Strukturen realisiert werden kann. Auf der Grundlage gegebener Optimierungskriterien ergibt sich daraus die Frage nach einer Optimierung von Strukturen.

OWTSCHINNIKOW (1969, S. 42) ist dahingehend zuzustimmen, daß nur die Untersuchung aller drei Hauptaspekte der Struktur, d. h. der Elemente, Relationen und Ganzheitseigenschaften, in ihrer Einheit eine vollständige Kenntnis der Struktur gewährleisten kann.

2.2. Spezifische Aspekte einer Strukturanalyse

Neben den Hauptaspekten einer allgemeinen, umfassenden Strukturanalyse bleiben jedoch weitere Möglichkeiten einer inhaltlich geprägten, auf die Bestimmung spezifischer Strukturformen ausgerichteten Strukturanalyse offen. Strukturen können demzufolge auch unter weiteren wesentlichen, spezifischen Aspekten betrachtet werden (vgl. Abb. 2), z. B.

SPEZ. ASP: 1 – Kausalität,
SPEZ. ASP: 2 – Ordnung, Anordnung, Organisation,
SPEZ. ASP: 3 – Äquivalenz, Ähnlichkeit.

Die Betrachtung von Unter- und Überordnung verkörpernden Hierarchien orientiert auf die unter dem „Ordnungsaspekt" zu sehenden Strukturformen der Anordnung von Elementen oder Teilen bzw. der Organisation von Systemen und Erscheinungen. Die aus den allgemeinen Aspekten resultierenden Wesenszüge unterliegen dabei bereits einer Modifizierung durch den Ordnungsaspekt und führen auf folgende, bei Ordnungsstrukturen zu betrachtende Aspekte.

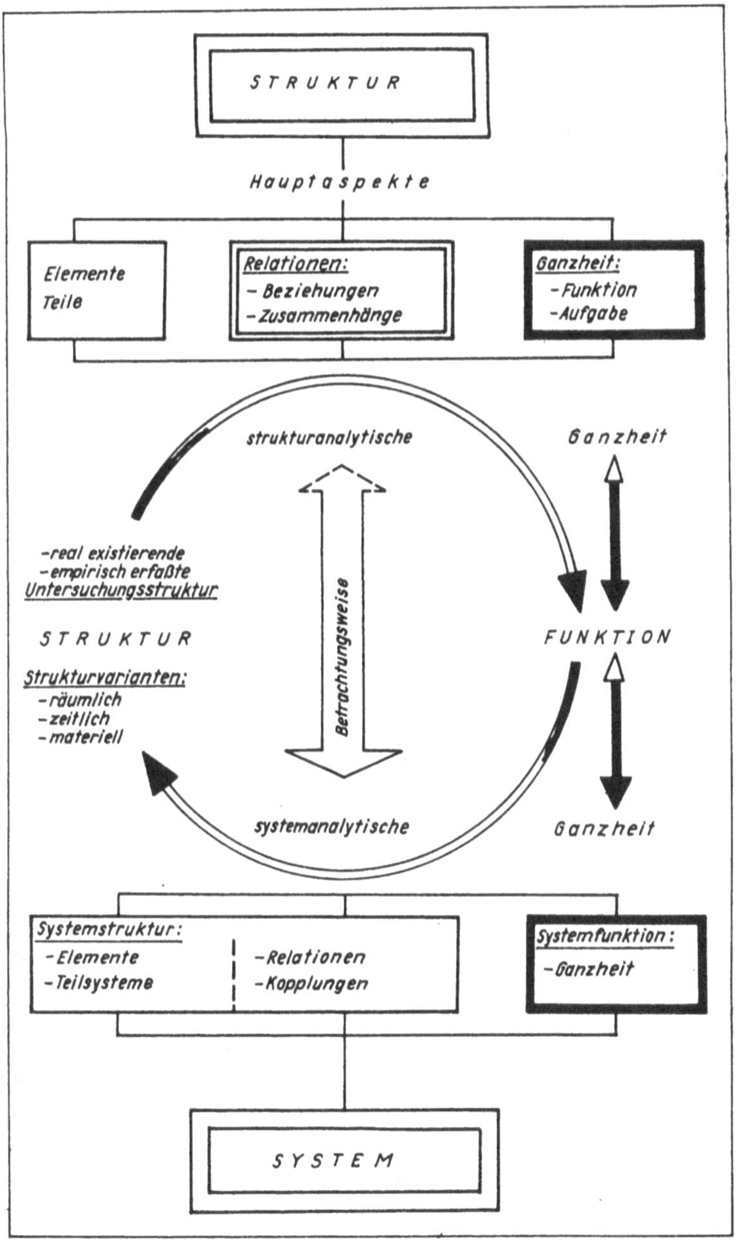

Abb. 3. Übergang von strukturanalytischer zu systemanalytischer Betrachtungsweise

(1) Ordnungsaspekt für Elemente und Teile (STRUK. ASP: 1.2): Bestimmung bzw. Auswahl der diskreten, relativ unzerlegbaren Elemente des Systems unter Berücksichtigung einer möglichen Widerspiegelung von strukturellen Ordnungen (speziell für Hierarchien im Sinne einer Unter- und Überordnung) durch die Eigenschaften der Elemente und Teile.

Daraus resultiert das folgende Problem: Welche ordnende Einflüsse ergeben sich bereits aus den Eigenschaften der Objekte, und wie können diese zum Nachweis einer Ordnung bereits auf dem Niveau der Elemente und Teile genutzt werden (rank-size, Hauptfaktor „Zentralität" etc.).

Hier wird die sinnvolle Bestimmung oder Auswahl in Abhängigkeit vom Untersuchungsgegenstand und -ziel vorausgesetzt und nur auf Möglichkeiten für den Nachweis eines hierarchischen Ordnungsprinzips hingewiesen.

(2) Ordnungsaspekt für Relationen (STRUK. ASP: 2.2): Bestimmung bzw. Auswahl der Relationen, auf denen die Organisation, das Funktionieren oder z. T. die Existenz des betrachteten und zu untersuchenden Systems basieren, d. h. die eine Ordnungsstruktur verkörpernden, verursachenden oder tragenden inhaltlich-sachlichen Beziehungen.

Dafür sind einige Aufgaben zu lösen, nämlich:

die Ableitung theoretisch-methodologischer Anforderungen bzw. Eigenschaften an entsprechende Relationen,

das Erkennen methodischer Möglichkeiten der Bestimmung oder des Nachweises derartiger Relationen und damit der entsprechenden Strukturformen,

die praktische Umsetzung der erkannten Möglichkeiten, verbunden mit einer Charakterisierung und Einschätzung der erzielten Ergebnisse hinsichtlich der Erfüllung dieser Anforderungen und Eigenschaften.

Auf diese Aufgaben konzentriert sich im wesentlichen diese Arbeit in ihrem theoretischen, methodologischen und praktisch-experimentellen Teil. Stets wird versucht, die untersuchten Relationen des betrachteten Systems bezüglich spezifischer, hierarchischer Organisationsprinzipien und Funktionsweisen einzuschätzen.

(3) Ordnungsaspekt der Ganzheit (STRUK. ASP: 3.2): Abgeschlossenheits- und Stabilitätsbetrachtungen zum Nachweis der Ganzheitseigenschaften der Struktur des Systems auf der Grundlage von Organisations- bzw. Ordnungsprinzipien.

Daran knüpfen sich Fragen sowohl nach der Notwendigkeit für die Herausbildung derartiger Strukturen und damit nach dem Grad der Determiniertheit sowie nach der Zweckmäßigkeit der herausgebildeten Ordnungsstrukturen und damit nach ihrer Optimalität.

In der geographischen Praxis reduziert sich das Problem unter Berücksichtigung objektivierender Potential-, Gleichgewichts- u. a. Betrachtungen, zumeist noch auf eine problemorientierte Auswahl der Elemente, Teile und Relationen unter funktional-inhaltlichen Gesichtspunkten. Die konkreten Ergebnisse einer zielgerichteten Analyse hierarchischer Strukturformen könnten dabei einer fundierten Einschätzung der Auswahl allgemein sowie der Ganzheitseigenschaften im speziellen dienen.

Aus der Konzentration auf den „Ordnungsaspekt" ist bereits die inhaltliche Abgrenzung gegenüber solchen Strukturen, die andere Erscheinungen widerspiegeln, wie typologische und klassifikatorische Strukturen (Äquivalenz- und Ähnlichkeitsstrukturen) oder Kausalstrukturen ersichtlich. Aber auch innerhalb der ordnenden Strukturformen ist – rein formal – sowohl zwischen offenen oder geschlossenen Ketten, Eingangs- bzw. Ausgangsverzweigungen usw. (vgl. KLAUS/LIEBSCHER, 1976, S. 796) oder Büscheln, Kaskaden, Kreis- oder Kettenstrukturen, Skeletten etc. (vgl. STOSCHEK, 1981) zu unterscheiden sowie – inhaltlich – zwischen Zonierung, Schichtung, Hierarchie usw. zu differenzieren. Diese Differenzierung, die hier zur Charakterisierung der Hierarchie als spezifischer Ordnungsstruktur vorgenommen wird, basiert im wesentlichen auf einer Analyse von Eigenschaften der zu untersuchenden Relationen.

2.3. Struktureigenschaften als Teilaspekte einer Strukturanalyse

Ausgangspunkt für die Darlegung charakteristischer Eigenschaften hierarchischer Beziehungen ist eine Arbeit von NYSTUEN/DECAY (1961). Darauf wird auch nachfolgend häufiger Bezug genommen, denn es ist eine der ersten Arbeiten zur Analyse hierarchischer Strukturen mittels eines mathematischen Begriffs- und Methodenapparates (vgl. Abb. 4).

Bei der Analyse der Telefonbeziehungen stellen diese Autoren folgende Anforderungen (Eigenschaften) an die zu analysierende (hierarchische) Nodalstruktur:

a) Sofern allein der „dominante" Abgangsstrom (Nodalstrom) berücksichtigt wird, muß ausgeschlossen werden, daß die jeweils stärksten abgehenden Ströme zweier Städte aufeinandergerichtet, somit beide sich gegenseitig untergeordnet sind. Dahinter verbirgt sich die Forderung nach einer asymmetrischen Struktur.
b) Wenn die Stadt A der Stadt B und die Stadt B der Stadt C untergeordnet ist, dann soll auch die Stadt A der Stadt C untergeordnet sein, d. h., die Struktur soll transitiv sein.
c) Eine Stadt darf keiner der ihr untergeordneten Städte selbst untergeordnet sein; das erfordert eine kreisfreie Struktur.

Damit wäre nach NYSTUEN/DECAY eine asymmetrische, transitive und kreisfreie Struktur als hierarchische Struktur zu definieren. Daß diese Eigenschaften für eine Hierarchie notwendig sind, ist noch verhältnismäßig einleuchtend, ob sie aber für den Nachweis einer Hierarchie auch hinreichend sind, ist nicht sofort einzusehen, und in der Tat nicht der Fall. Damit ist z. B. die Zuordnung der Städte zu den einzelnen Hierarchiestufen noch nicht eindeutig festgelegt.

Nach Stadt: / Von Stadt:	a	b	c	d	e	f	g	h	i	j	k	l
a	00	75	15	20	28	02	03	02	01	20	01	00
b*	69	00	45	50	58	12	20	03	06	35	04	02
c	05	51	00	12	40	00	06	01	03	15	00	01
d	19	57	14	00	30	07	06	02	11	18	05	01
e*	07	40	48	26	00	07	10	02	37	39	12	06
f	01	06	01	01	10	00	27	01	03	04	02	00
g*	02	16	03	03	13	31	00	03	18	08	03	01
h	00	04	00	01	03	03	06	00	12	38	04	00
i	02	28	03	06	43	04	16	12	00	98	13	01
j*	07	40	10	08	40	05	17	34	98	00	35	12
k	01	08	02	01	18	00	06	05	12	30	00	15
l	00	02	00	00	07	00	01	00	01	06	12	00
Spalten-summe:	113	337	141	128	290	071	118	065	202	311	091	039

a) Matrix der Interaktionsströme zwischen Stadt-Paaren

* Der stärkste Strom dieser Stadt ist auf eine kleinere Stadt gerichtet — vgl. Spaltensummen

	a	b	c	d	e	f	g	h	i	j	k	l	
a		1											
b													Zentrum
c		1											
d		1											
e													triviales Zentrum
f							1						
g													Zentrum
h										1			
i										1			
j													Zentrum
k										1			
l											1		

b) Adjazensmatrix des Graphen G

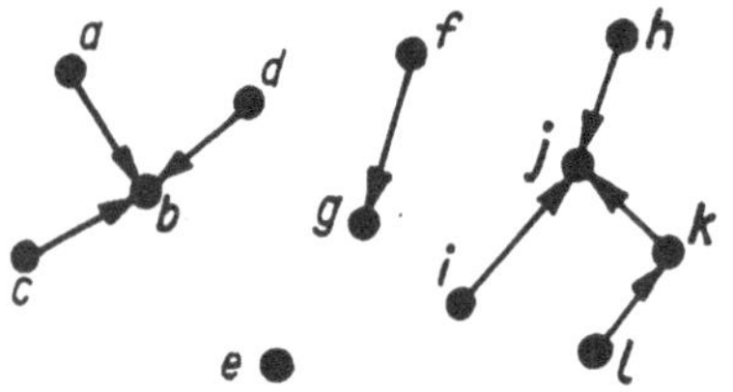

c) Graph der Städte a, b, . . ., l in der Region G

Abb. 4. Graph der Nodalstruktur in einer Region (NYSTUEN/DECAY, 1961, S. 35)

Die wesentlichsten Grundeigenschaften von Relationen und damit Teilaspekte einer Strukturanalyse (vgl. Abb. 2), gültig für Kausal-, Ordnungs- oder Äquivalenzstrukturen, sind:

TEIL. ASP: 1 – Reflexität,
TEIL. ASP: 2 – Symmetrie,
TEIL. ASP: 3 – Transitivität und
TEIL. ASP: 4 – Gesamtheit.

(1) Die Reflexivität einer Struktur charakterisiert die Aussagefähigkeit der betrachteten Relation bezüglich einzelner Elemente, wobei u. a. folgende Fälle von Interesse sein können.

Eine Struktur ist

(1.1) reflexiv, wenn alle Elemente auch zu sich selbst in Relation stehen;

(1.2) nicht reflexiv, wenn wenigstens ein Element existiert, das nicht zu sich selbst in Relation steht;

(1.3) irreflexiv, wenn alle Elemente nicht zu sich selbst in Relation stehen und

(1.4) diagonal, wenn sie nur die reflexiven Relationen umfaßt.

Da die Reflexivität bzw. Irreflexivität in konkreten Fällen durch inhaltliche Grenzfälle bedingt ist, werden in den Strukturanalysen häufig beide Möglichkeiten gleichermaßen berücksichtigt. Je nachdem wie die Grenzfälle entschieden werden, handelt es sich um eine reflexive oder um eine irreflexive Hierarchie. Ein Beispiel für eine reflexive Hierarchie wäre die versorgungsräumliche Zentralorthierarchie, deren zentraler Ort alle von niederen Zentralortstufen angebotenen zentralen Funktionen ebenfalls anbietet, so daß damit jeder Ort sich selbst untergeordnet ist. Eine Hierarchie der Pendlerbeziehungen wäre dann ein Beispiel für eine irreflexive Hierarchie, da Pendlerbeziehungen nur zwischen unterschiedlichen Objekten definiert sind.

(2) Die Symmetrie einer Struktur charakterisiert die Vertauschbarkeit zweier in der betrachteten Relation zueinanderstehenden Elemente.

Eine Struktur ist dann

(2.1) symmetrisch, wenn alle in Relation zueinanderstehenden Elemente auch in vertauschter Reihenfolge wieder in Relation zueinander stehen;

(2.2) nicht symmetrisch, wenn wenigstens einmal die in Relation zueinander stehenden Elemente durch Vertauschung der Reihenfolge nicht mehr in Relation zueinander stehen;

(2.3) asymmetrisch, wenn alle in Relation zueinander stehenden Elemente durch Vertauschung der Reihenfolge nicht mehr in Relation zueinander stehen und

(2.4) antisymmetrisch, wenn aus der Vertauschbarkeit der in Relation zueinander stehenden Elemente die Identität der Elemente folgt.

Die verschiedenen Formen symmetrischer Eigenschaften lassen leicht den engen inhaltlichen Bezug zum Ordnungsaspekt erkennen. Wie bereits an Hand der Literatur gezeigt, kann die für eine Hierarchie wesentliche und typische Unter- bzw. Überordnung mit Hilfe der Asymmetrie beschrieben werden. Aber auch die Antisymmetrie scheint für die Beschreibung hierarchischer Strukturen besonders geeignet, wenn die Identität inhaltlich als Zugehörigkeit zu einer Hierarchiestufe interpretiert und demzufolge die entsprechenden Objekte – bei gegenseitiger Unterordnung – als zu einer Hierarchiestufe gehörig betrachtet werden. Inwieweit sich dahinter arbeitsteilige Beziehungen, Probleme von funktionalen Einheiten oder Doppelstädten, unterschiedliche Ressourcenvoraussetzungen u. a. m. verbergen, muß der konkrete Fall zeigen.

(3) Die Transitivität einer Struktur charakterisiert die Dreiecksbeziehungen dreier z. T. in Relation zueinander stehenden Objekte. Eine Struktur ist

(3.1) transitiv,	wenn für alle in Relation zueinander stehenden Elementpaare (a, b) und (b, c) folgt, daß auch deren transitive Überbrückung (a, c) Bestandteil der Struktur ist;
(3.2) nicht transitiv,	wenn wenigstens eine transitive Überbrückung nicht zur Struktur gehört;
(3.3) intransitiv,	wenn alle transitiven Überbrückungen nicht zur Struktur gehören und
(3.4) inert,	wenn die Mengen der Elemente, die in Relation zueinander stehen, disjunkt sind, d. h. keine gemeinsamen Elemente besitzen und damit die Transitivität nicht definiert ist.

In der Praxis zeigt sich, daß diese Eigenschaft in einer Reihe von Fällen zwar vom Problem bzw. Inhalt als gegeben angenommen werden kann, aber die empirisch erfaßten Beziehungen dieser Eigenschaft nicht genügen. Ist die Transitivität inhaltlich formal als gegeben anzusehen, dann ist es hilfreich, wenn von der konkret beobachteten Struktur durch „Einfügen" oder „Entfernen" der transitiven Überbrückungen zur transitiven Hülle bzw. zum Skelett der betrachteten Struktur übergegangen wird (vgl. Abb. 5). Da die transitiven Überbrückungen bei inhaltlich gegebener Transitivität den Informationsgehalt der Struktur nur zusätzlich belasten, ist der Übergang zum Skelett der Struktur sinnvoller. Bei diesen Überlegungen ist jedoch zu beachten, daß sich hinter der realen Existenz oder Nichtexistenz der transitiven Überbrückungen durchaus schwerwiegende inhaltliche Probleme verbergen können. So deutet sich bei der Betrachtung der Zentralorthierarchie ein Zusammenhang zwischen der Existenz von transitiven Überbrückungen und den Lagebeziehungen an. Bei entsprechenden Lageverhältnissen ist es durchaus üblich, daß zur Befriedigung von Bedürfnissen gewisse Hierarchiestufen übersprungen werden, da die zentralen Orte höherer Ordnung die Funktionen der zentralen Orte niederer Ordnung mit erfüllen.

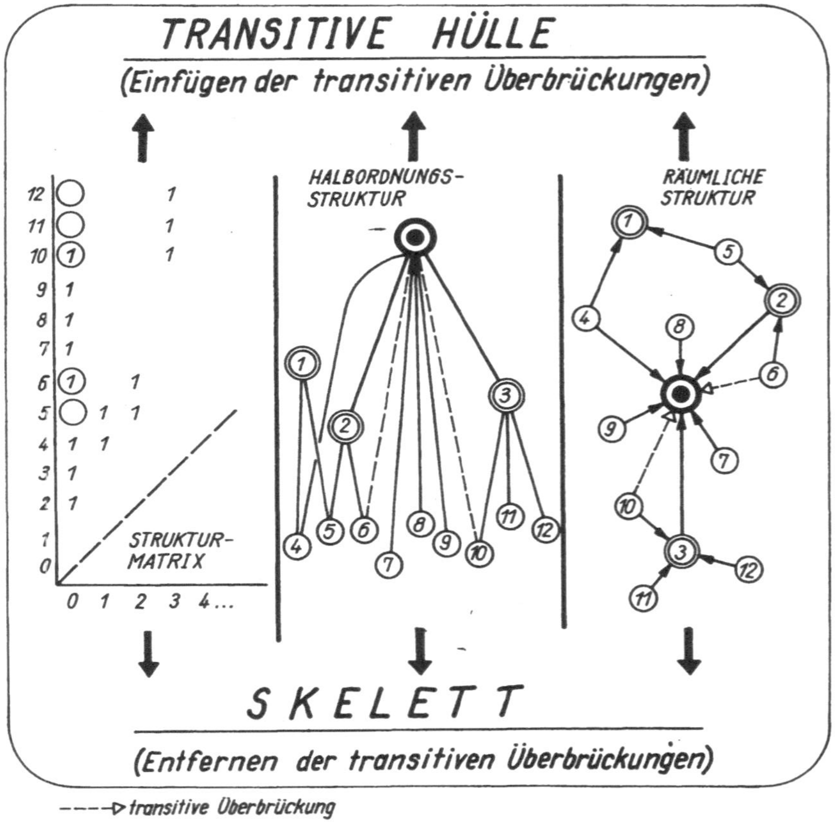

Abb. 5. Hierarchie als transitive Struktur

(4) Mit der Gesamtheit (Zusammenhang, Geschlossenheit, Kompaktheit) von Strukturen werden Eigenschaften beschrieben, die Aussagen über die Struktur als Ganzes machen und damit gleichzeitig alle Elemente einbeziehen. Eine Struktur heißt

(4.1) konnex, wenn je zwei beliebige Elemente paarweise in Relation zueinander stehen oder identisch sind;

(4.2) linear, wenn je zwei beliebige Elemente paarweise in Relation zueinander stehen;

(4.3) zusammenhängend, wenn keine isolierten Elemente oder Teilstrukturen existieren;

(4.4) zerfallend, wenn wenigstens zwei nicht miteinander verbundene Teilstrukturen existieren;

(4.5) kreisfrei, wenn sukzessives Verbinden der miteinander in Relation stehenden Elemente nicht wieder zum Ausgangselement zurückführt.

Hier wären weitere Eigenschaften anzuführen, vor allem solche, die sich aus einer qualitativen Unterscheidung der in Relation stehenden Elemente (z. B. Quell- und Zielobjekte) ergeben. Um eine umfangreiche verbale Umschreibung zu vermeiden, müßte ein entsprechender mathematischer Begriffsapparat aufgebaut werden. Hierzu sei auf einschlägige Werke der Mengenlehre, Graphentheorie, Kybernetik usw. verwiesen. Danach ist auch nachvollziehbar, in welcher Form sich eine Reihe von Eigenschaften aus bereits vorhandenen bzw. nachgewiesenen Eigenschaften ableiten läßt, so daß sich durchaus unterschiedliche, aber in sich äquivalente Definitionen der hierarchischen Struktur mittels der Struktureigenschaften ergeben.

2.4. Zur Reinheit hierarchischer Strukturen

Unter diesem Blickwinkel ist zu fragen, wieso die graphentheoretische Grundidee von NYSTUEN/DECAY (1961) nie eine vergleichbare Nutzungsintensität von faktorenanalytischen Ansätzen der multivariaten Statistik erreicht hat. Dies liegt darin begründet, daß die Grundidee einer rechentechnischen Realisierung schwerer zugänglich ist, obwohl sie die hierarchischen Strukturen besser beschreibt.

Ziel dieser Untersuchung war, auf der Grundlage einer Matrix der Telefongespräche mittels eines fundierten graphentheoretischen Konzepts, die hierarchische Struktur von Zentren zu bestimmen (vgl. Abb. 4). Da die Telefonmatrix in ihrer Grundstruktur inhaltlich als symmetrisch anzusehen und somit über die Quell-Ziel-Relation keine eindeutige Unterordnung möglich ist, werden eigentlich drei Relationen (Beziehungen) betrachtet:

a) die Beziehungen der sich aus dem Fernsprechverkehr ergebenden empirischen Struktur,

b) die daraus abgeleiteten „dominanten" Abgangsströme im Fernsprechverkehr als eine modifizierte, dem hierarchischen Konzept der Unterordnung angepaßte Struktur und

c) die aus dem dominanten Strom abgeleitete Unter- und Überordnung (hierarchischen Beziehungen) zwischen den Untersuchungsobjekten (Städten).

Diese Beziehungen erfordern einen Abstraktionsprozeß, der von der empirisch beobachteten, mit Zufälligkeiten, natürlichen wie sozio-ökonomischen Gegebenheiten, Fehlern u. ä. behafteten realen Struktur zu der ein hierarchisches Organisationsprinzip widerspiegelnden Nodalstruktur führt.

Der Abstraktionsprozeß deckt die grundlegenden Probleme auf, nämlich:

1. Der Nachweis definierter Strukturformen in einer real zu beobachtenden empirischen Struktur, die meist als quadratische Matrix erfaßt vorliegt, ist einer formal-mathematischen Behandlung wesentlich schwerer zugänglich als die Nutzung faktorenanalytischer Ansätze, die beliebige Datenmengen (-matrizen) — zumindest formal — verarbeiten. Dies liegt darin begründet, daß reine, in ihrer Definition nur einem theoretischen Konzept folgende Strukturformen, in der Realität kaum existieren.

Die empirischen Strukturmatrizen müssen dem theoretischen Konzept entsprechend erst aufbereitet werden. Folglich ist eine der formalen mathematischen Bearbeitung besser angepaßte Strukturmatrix zu entwickeln. Dies kann entweder durch Matrizentransformationen oder aber — wie bei NYSTUEN/DECAY — durch eine dem theoretischen Konzept entsprechende Auswahl von bestimmten (dominanten) Beziehungen geschehen.

2. Im Zusammenhang mit der Aufbereitung der empirischen Strukturmatrix tritt häufig ein Informationsverlust ein, wenn nicht sogar eine Verfälschung der realen Erscheinungen. Vor allem wird die Konzentration auf den dominierenden Abgangsstrom als eine zu starke Einschränkung angesehen (HAGGETT, 1973, S. 317), was Kritik hinsichtlich eines zu hohen Informationsverlustes herausfordert. MAIK (1973) berücksichtigt deshalb bei der Untersuchung von Dienstleistungsbeziehungen die gesamte empirische Strukturmatrix. Dabei kommt ihm die eindeutige Unterordnung zwischen Quell- und Zielort in versorgungsräumlichen Beziehungen entgegen, so daß keine Zentrenrangfolge an Hand des dominanten Stromes zu definieren ist.

Anders gesagt, erhebt sich die Frage nach der Beurteilung des Informationsverlustes.

3. Das theoretische Konzept erfordert im allgemeinen eine Definition oder Beschreibung, was unter Hierarchie zu verstehen ist, welche Eigenschaften sie verkörpert. In diesem Zusammenhang taucht das Problem „notwendig und hinreichend" auf. Bei NYSTUEN/DECAY ergibt sich z. B. aus der geforderten Asymmetrie und Transitivität die Kreisfreiheit, so daß letztere keine notwendige Eigenschaft wäre. Überdies sind diese drei Eigenschaften nicht hinreichend, da sie noch keine eindeutige Zuordnung der Elemente zu den Hierarchiestufen gewährleisten.

4. Die Forderung nach bestimmten Eigenschaften ist eine Seite, deren Nachweis jedoch eine andere, und hier bestehen die größeren Schwierigkeiten.

NYSTUEN/DECAY garantieren die Kreisfreiheit der Zentrenrangfolge (vgl. Abb. 4) notfalls durch eine Vernachlässigung des dominanten Abgangsstroms. Dies wird an einem Beispiel vorgeführt, wo die Erfüllung der Annahmen wegen der geringen Dimension visuell noch nachprüfbar ist. Auch bei MAIK (1973) läßt sich die Kreisfreiheit der aufgebauten Quell-Ziel-Folgen Q–Z/Q– ... –Z/Q–Z empirisch noch nachweisen.

Für eine breite Anwendung des Verfahrens zur Analyse von Matrizen höherer Dimension muß deshalb die in den bisherigen Beispielen nur empirisch nachgeprüfte Kreisfreiheit in allgemeiner Form nachweisbar sein. Dies kann zwar mit Hilfe eines Algorithmus rechentechnisch gelöst werden. Was aber ist zu befürchten, wenn die zu untersuchende Erscheinung nicht streng hierarchisch und damit nicht kreisfrei ist? Verfahren, die sich nur an einem streng definierten Hierarchiekonzept orientieren, können in der Praxis kaum in allgemeiner Form genutzt werden, auch wenn hierarchische Züge unverkennbar sind.

Zusammenfassend sei hervorgehoben, daß die Entwicklung quantitativer Methoden erst mit der rechentechnischen Realisierung abgeschlossen ist, da erst auf dieser Ebene diverse Probleme erkannt und gelöst werden können.

Als Schlußfolgerungen für eine Operationalisierung gilt es,

a) sich nicht zu stark auf reine, streng definierte Strukturformen (Hierarchie) festzulegen, da sie kaum einem universellen und direkten mathematischen Nachweis zugänglich sind;
b) denjenigen Teil der Struktur zielgerichtet zu analysieren, der dem theoretischen Konzept entspricht;
c) den diesem theoretischen Konzept widersprechenden Teil nicht zu vernachlässigen (Informationsverlust); und
d) beide Teile der Struktur, im Sinne einer Bewertung der allgemeinen Struktur, gegeneinander abzuwägen.

Werden einerseits die formale Definitionsvielfalt, andererseits Probleme wie notwendige und hinreichende Eigenschaften, der von Grenzfällen bestimmte reflexive Charakter oder die Bedeutung der real existierenden transitiven Überbrückungen in Betracht gezogen, kann am Ende dieses Abschnittes zur Hierarchie als spezifische Strukturform nur eine Aufzählung von Struktureigenschaften, jedoch noch keine Definition stehen. Ausgehend von den Orientierungen auf den Hauptaspekt der Relationen, den spezifischen Aspekt der Ordnung und der für die Analyse spezieller Ordnungsstrukturen (Hierarchien) in Frage kommenden Teilaspekte, sind folgende Strukturaspekte weiterhin zu berücksichtigen (vgl. Abb. 2):

STRUK. ASP: 2.2.11 – Reflexivität,
STRUK. ASP: 2.2.13 – Irreflexivität,
STRUK. ASP: 2.2.23 – Asymmetrie,
STRUK. ASP: 2.2.24 – Antisymmetrie,
STRUK. ASP: 2.2.31 – Transitivität,
STRUK. ASP: 2.2.41 – Linearität,
STRUK. ASP: 2.2.42 – Konnexität,
STRUK. ASP: 2.2.45 – Kreisfreiheit.

Neben der formalen Theorie zur methodischen Charakterisierung einer bestimmten zielgerichteten Strukturanalyse macht sich im weiteren eine inhaltlich-theoretische Charakterisierung erforderlich. Auf beiden Ergebnissen aufbauend, ist dann zur zweckgebundenen Definition von hierarchischen Strukturen überzugehen.

3. Hierarchie – Bestimmung von Inhalten

Hier geht es nicht um eine rein formale, sondern um eine *zielgerichtete,* auf die inhaltlichen Schwerpunkte einer spezifischen Strukturform (Hierarchie) orientierte Strukturanalyse. Dazu genügt es nicht nur, diese an Hand von aufgelisteten Eigenschaften formal zu charakterisieren, sondern es müssen auch die konkreten, diese Strukturform tragenden, verkörpernden usw. Relationen (ALLG. ASP: 2) ergründet werden. Was verbirgt sich also hinter der Herausbildung oder worin besteht die Notwendigkeit einer derartigen Strukturform? Die daraus folgenden inhaltlichen Wesenszüge gilt es, mit den formalen Eigenschaften einer Hierarchie als spezifische Strukturform mathematisch-rechentechnisch verarbeitbar darzustellen.

Wegen der Universalität der oben definierten Systemhierarchien als ordnende Strukturformen der Materie erfährt der Begriffsinhalt in seinem Allgemeinheits- bzw. Abstraktionsgrad interdisziplinären Charakter. Das Phänomen Hierarchie ist als Strukturform nicht mehr nur Gegenstand einzelwissenschaftlicher, sondern auch philosophischer Untersuchungen, ergänzt durch methodologische Betrachtungen entsprechend orientierter Querschnittswissenschaften. Die inhaltlich-theoretische Fundierung der allgemeinen Wesenszüge einer Hierarchie muß demzufolge auf drei Ebenen (vgl. Abb. 6) vorgenommen werden.

1. Aus *philosophischer* Sicht zur Charakterisierung des allgemeinsten, inhaltlichen Hintergrundes der Hierarchie als ordnendes Organisationsprinzip.

2. Aus der Sicht *methodologischer* Querschnittswissenschaften, wobei hier Systemtheorie, Kybernetik (Steuerung und Leitung technischer, ökonomischer, sozialer und politischer Erscheinungen) und Taxonomie ausgewählt wurden. Besonderheiten hierarchischer Organisationsprinzipien in real existierenden Systemen (Systemtheorie), in u. a. auch durch den Menschen steuerbaren Systemen (Kybernetik) und in konzeptionellen Systemen des Erkenntnisprozesses (Taxonomie), sind aufzudecken.

3. Aus *einzelwissenschaftlicher* Sicht, hier ausgehend von der Geographie unter besonderer Berücksichtigung der ökonomischen Geographie, über die Siedlungsgeographie hin zur Zentralorttheorie. Aus der Sicht der Physischen Geographie würde sich die chorische Naturraumforschung bzw. Landschaftsgliederung (vgl. HERZ u. a., 1980) zur fachspezifischen Konkretisierung empfehlen. Es sind Spezifika herauszuarbeiten, die vor allem in die Operationalisierung münden und sich damit auf die Praktikabilität der angestrebten rechentechnisch-realisierten Verfahren auswirken.

Analog zum „allgemeinen Wesenskern" der Struktur (vgl. VOGEL, 1977), sind diese drei Betrachtungsebenen Voraussetzung dafür, das inhaltliche Wesen einer Hierarchie in seiner Einheit von Allgemeinem und Besonderem (oder

Einzelnem) zu bestimmen. Daraus ergeben sich Forderungen an die Exaktheit und Schärfe der Widerspiegelung des Hierarchieproblems durch entsprechende Formulierung, Formalisierung und Operationalisierung als Basis der praktischen Erkennbarkeit derartiger Strukturformen.

3.1. Hierarchie als Widerspiegelung der Dialektik von Teil und Ganzem

Wird die zitierte Definition der Systemhierarchie hinsichtlich des Systembegriffs bereinigt, dann reduziert sich das Ordnungsprinzip einer Hierarchie in seiner allgemeinsten Form auf die Zerlegung von Kompliziertem in Einfaches bzw. in das duale Problem der Zusammensetzung des Einfachen zu Kompliziertem. Als Relation in der Form „... ist Teil von ..." bzw. „... ist Ganzes von ..." ausdrückbar, wird vor allem die Bedeutung der Begriffe Teil und Ganzes im Rahmen theoretischer Strukturuntersuchungen (vgl. ABRAMOWA, 1969) unterstrichen. Die philosophische Betrachtung dieses Begriffspaares als Dialektik von Teil und Ganzem, unter besonderer Berücksichtigung des ordnenden Einflusses der Teil-Ganzes-Relation auf Strukturen, wird zur Bestimmung der notwendigerweise in jeder Hierarchie vorhandenen Wesenszüge genutzt.

1. Welche ordnenden Eigenschaften enthält die Teil-Ganzes Relation?
Bei der philosophischen Betrachtung der Dialektik von Teil und Ganzem ist es üblich, diese Relation mittels einer objektgebundenen Bestimmung der Relationsbegriffe Teil und Ganzes, d. h. einer Definition des Vor- und Nachbereiches der Relation festzulegen. Die Relation „... ist Teil von ..." wird also nicht direkt definiert, sie ergibt sich indirekt aus den spezifischen Eigenschaften der Teile für das Ganze. Aus der Definition von Teil und Ganzem an Hand spezifischer Eigenschaften der Objekte ergeben sich:

a) Aussagen für jeweils nur zwei konkrete Untersuchungsobjekte, die zu einer paarweise erklärten, strukturellen Subordination führen;
b) eine Differenzierung der Objektmenge durch *einen* Zerlegungs- bzw. Zusammenfassungsschritt in Teile und Ganze, d. h. in definitiv nur zwei Objektgruppen.

Damit ist zwar der inhaltliche Aspekt einer Unter- bzw. Überordnung und folglich die Voraussetzung für die Existenz eines hierarchischen Ordnungsprinzips gegeben. Aber es können nicht sukzessive fortschreitend die zur Charakterisierung des hierarchischen Ordnungsprinzips notwendige Anordnung und damit Hierarchiestufen o. ä. nachgewiesen werden.

Neben der notwendigen Definition von Teil und Ganzem und der damit indirekt erklärten Teil-Ganzes-Relation, besteht ein wesentliches Merkmal der Dialektik von Teil und Ganzem im relativen Charakter, Teil oder Ganzes zu sein.

2. Welcher ordnende Einfluß ergibt sich aus der Relativität von Teil und Ganzem?

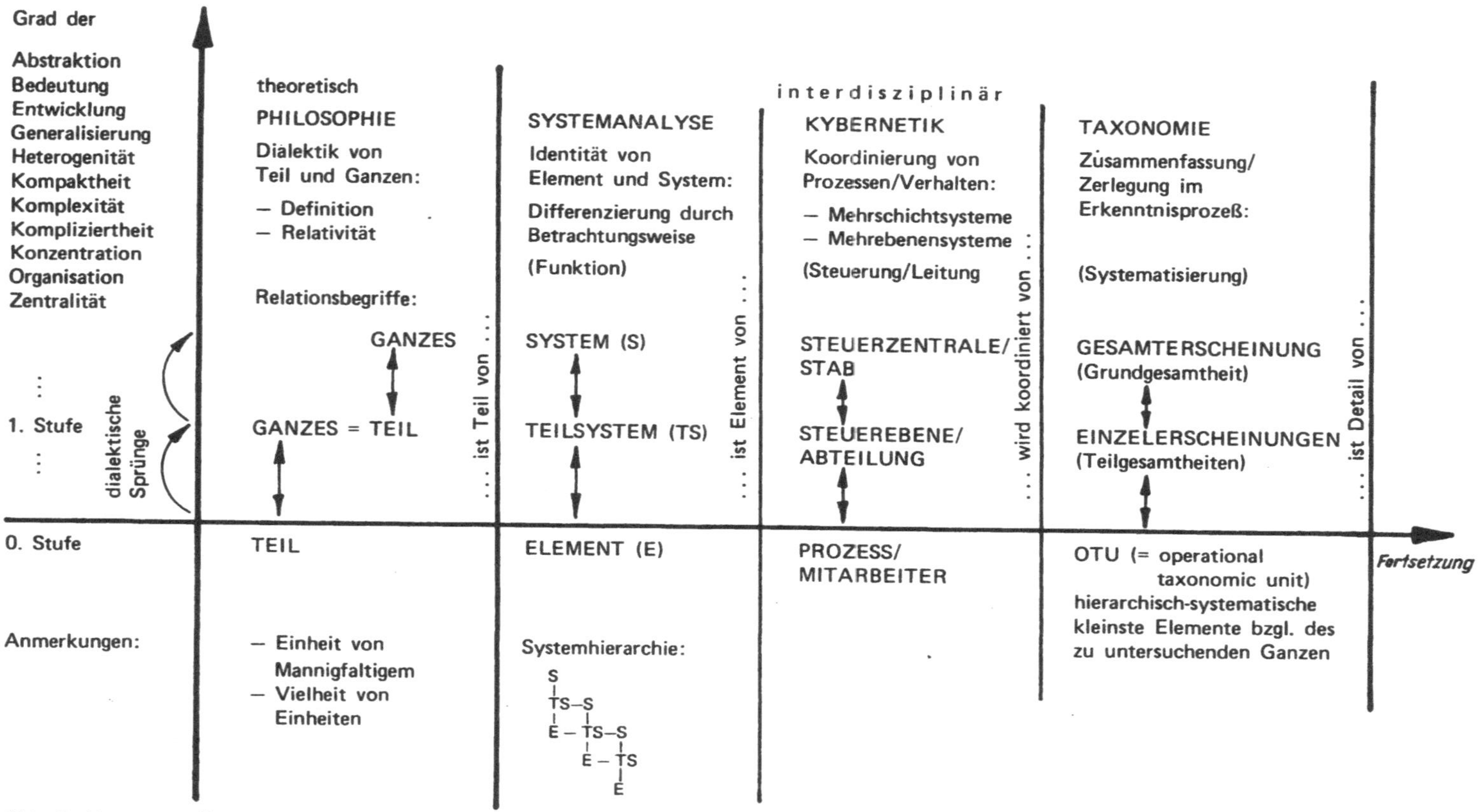

Abb. 6. Unter- und Überordnung als allgemeines Wesensmerkmal der Hierarchie

noch **Abb. 6.** (Fortsetzung)

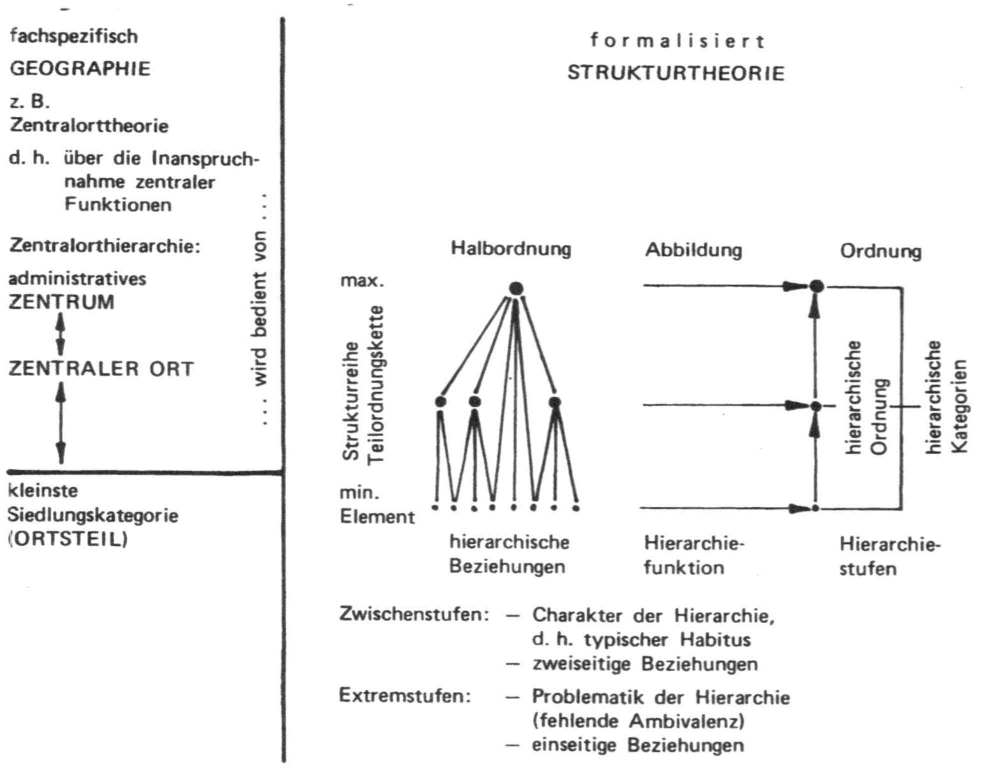

Bei Berücksichtigung der Relativität werden nicht mehr vorrangig jeweils zwei Objekte betrachtet, die in Relation zueinander stehen. Die Betrachtung konzentriert sich vielmehr auf ein Objekt, das sowohl Teil als auch Ganzes ist und bei ABRAMOWA (1969) mit „relativer Autonomie" bzw. „Individualität eines Teils" umschrieben wird. Die notwendigen Bezugsobjekte sind dabei erst einmal untergeordnet. Weiterhin resultiert daraus, daß von der an spezifische Eigenschaften gebundenen paarweisen Einordnung als Teil oder Ganzes abgegangen wird, um sich dem die strukturelle Subordination der Teil-Ganzes-Relation erklärenden Zusammenhang zuzuwenden. Dieser ist an die Einheit (Verknüpfung) von Teil und Ganzem gebunden. Nach ABRAMOWA (1969, S. 71) sind zwar die Teile und das Ganze qualitativ zu unterscheidende Materieformen; „zugleich ist dieses Unterschiedene wesentlich miteinander verknüpft; ... Es besteht darin, daß die eine Materieform (das Ganze) aus den anderen Materieformen (den Teilen) gebildet ist. Zwischen dem Ganzen und den Teilen als besondere Formen der Materie existiert also ein genetischer Zusammenhang. Die Begriffe Teil und Ganzes ermöglichen es, aus dem realen Zusammenhang der Objekte einen ‚Knotenpunkt' in der Entwicklung der Materie herauszusondern, den Übergang von einer Materieform (Teile) zu einer anderen (Ganzes) ..."

Der die strukturelle Subordination erklärende Zusammenhang wird als ein genetischer im Sinne von

... entsteht aus ...
... besteht aus ...
... entwickelt sich aus ...
... setzt sich zusammen aus ...
... geht hervor aus ...

angesehen.

Die Relativität von Teil und Ganzem erklärt in ihrer Erscheinung als (genetischer) Zusammenhang sowohl die strukturelle Subordination als auch die innere Organisation der Objekte. Somit ergibt sich:

a) eine Zerlegung der Objektmenge in wenigstens drei Objektgruppen, in die Elemente[1], die Teile und das Ganze,
b) die auf der Grundlage des transitiven (genetischen) Zusammenhangs in Struktureinheiten sukzessive anordenbar und
c) als qualitativ unterschiedene Komplexitäts-, Abstraktions- u. ä. Stufen erscheinen.

Vergleichbar mit der Widerspiegelung der aus dem Relationspaar Ursache-Wirkung (auch Folge) durch die Zusammenhänge und Abhängigkeiten sich ergebenden Beziehungen ist zusammenfassend zu konstatieren:

1 Mit der weiteren Kategorisierung (Untergliederung) des Objektes als Teil bzw. Ganzes in Elemente, wird der konträre Begriffsinhalt des „Teils" offenbar. Während im philosophischen Sinne die Kategorie „Teil" als Grundbestandteil des Begriffspaares Teil–Ganzes genutzt wird, dient die Kategorie „Teil" im systemtheoretischen Sinne zur Charakterisierung der möglichen Stufen zwischen dem Begriffspaar Element–System.

Hierarchien widerspiegeln Beziehungen, d. h. eine auf der Dialektik von Teil und Ganzem basierende Klasse ähnlicher Relationen. Ihre charakteristische Ähnlichkeit besteht in der Verkörperung sukzessiver Anordenbarkeit auf der Basis einer sich aus dem genetischen Zusammenhang ergebenden strukturellen Subordination.

3.2. Der interdisziplinäre Charakter der Hierarchie an Hand methodologischer Querschnittswissenschaften

Hierarchie als Strukturform widerspiegelt somit philosophisch, d. h. im allgemeinsten Sinne, eine mittels der Dialektik von Teil und Ganzem erklärbare „strukturelle Ordnung". Mit zunehmender Einbeziehung weiterer inhaltlicher Fragestellungen geht auch eine Spezifizierung von Relationen einher, die hierarchische Ordnungsprinzipien verkörpern. Eine erste Konkretisierungsphase umfaßt Aspekte, die in *allen* Einzelwissenschaften mehr oder weniger Eingang gefunden haben und als Verbindungsglied zwischen Philosophie und Einzelwissenschaft eine methodische Spezifizierung bewirken. Sie werden hier als „methodische Querschnittswissenschaften" bezeichnet.

3.2.1. Systemhierarchien

Die Systemhierarchie erfordert die Konkretisierung des Untersuchungsobjektes vom allgemein philosophischen „Ding" zum „System" (vgl. Abb. 1), was durch den Übergang zur Relation „... ist Element von ..." unterstrichen wird (vgl. Abb. 6).

„Philosophisch gesehen, ist die Theorie der Systemhierarchie eine spezielle Anwendung der Dialektik von Teil und Ganzem" (KLAUS/BUHR, 1974, S. 521). Die philosophische Betrachtung vermittels der Relativität von Teil und Ganzem stellt den genetischen Zusammenhang und die darauf basierenden Möglichkeiten des aufeinander Aufbauens als Grundlage der strukturellen Unter- bzw. Überordnung in den Vordergrund. Unter Bezugnahme auf den Ganzheitsbegriff als Bindeglied zwischen Struktur und System (Abb. 3) wird beim systemtheoretischen Herangehen der die Möglichkeiten verkörpernde genetische Zusammenhang durch die von der Ganzheit widergespiegelte Systemfunktion (-aufgabe) ergänzt.

Beispiele hierfür sind in allen Bewegungsformen der Materie zu finden, als Elementarteilchenhierarchie (physikalisch), in der Hierarchie der Organismen (biologisch) und als hierarchisch strukturierte (gesellschaftliche) Organisationsformen nach dem territorialen oder zweiglichen Prinzip.

Unter dem Systemaspekt finden also die inhaltlichen Ordnungsprinzipien ihre Berücksichtigung, wie sie sich aus einer bestimmten Notwendigkeit, Zweckmäßigkeit oder sonstiger Determiniertheit eines im genetischen Sinne zielgerichteten optimalen Aufeinander-Aufbauens zur Realisierung der Systemfunktion, unter anderem auch durch Selbstregulierung, ergeben.

3.2.2. Steuerungs- und Leitungshierarchien

Systemhierarchien erreichen mit zunehmender Kompliziertheit bzw. Komplexität hinsichtlich der Anzahl der Elemente und Relationen (Kopplungen) innerhalb des Systems ein Niveau, wo „wegen qualitativer oder quantitativer Schwierigkeiten eine effektive Beschreibung oder zentrale optimale Steuerung nicht möglich bzw. sehr erschwert ist" (REINISCH, 1974, S. 146). Dafür hat sich auch der Begriff „große Systeme" (large scale systems) eingebürgert. Nach REINISCH (1974, S. 146) besitzen sie folgende charakteristische Steuerungseigenschaften:

a) Innerhalb des *Steuerungsobjektes* (des zu steuernden Systems) existieren mehrere relativ selbständige Teilsysteme, die in gegenseitigen (stofflichen, energetischen, informationellen, organisatorischen u. a.) Wechselbeziehungen stehen.
b) Bezüglich der *Zielfunktion* existieren sich teilweise widersprechende Teilziele für die Teilsysteme, die ein oder mehrere für das Gesamtsystem erklärte Gesamtziel(e) mitbestimmen.
c) Das *Steuerungssubjekt* (das steuernde System) enthält eine funktionelle hierarchische Struktur der Steuereinrichtungen bzw. der Steuerungsalgorithmen.

Dies führt aus der Sicht der Kybernetik auf die Definition: „Ein System heißt hierarchisch, wenn es eine hierarchische Steuerungs- bzw. Leitungsstruktur hat." (REINISCH, 1974, S. 149)

Die Steuerung derart „großer" Systeme erfordert das Erkennen, die Berücksichtigung und die Ausnutzung aller Möglichkeiten zur Aufgliederung in überschaubare, d. h. unter dem Niveau „großer" Systeme liegende Teilprobleme. Diese Dekomposition stellt nach REINISCH/STRAUBEL (1980, S. 32) eine durch hierarchische Untersetzung von Problemen, Strategien des Vorgehens und Anschauungsarten durchdrungene Analyse bzw. Steuerung hinsichtlich folgender Aspekte dar:

struktureller Aspekt,
d. h. Stufen im Abstraktionsprozeß,
d. h. Berücksichtigung von Systemhierarchien innerhalb des zu steuernden Systems (Steuerungsobjekt);

funktioneller Aspekt,
d. h. Stufen im Problemlösungsprozeß,
d. h. Berücksichtigung der hierarchischen Steuerungsstruktur durch Zerlegung des Steuerungsprozesses in Teilaufgaben.

Vor allem mit letztem Aspekt befaßt sich die Kybernetik. Sie unterscheidet vertikale oder zeitliche und horizontale oder räumliche Formen der Dekomposition.

1. *Mehrschichtsysteme* (vgl. Abb. 7)
als Ergebnis einer vertikalen oder zeitlichen Dekomposition sind Systeme mit einer *Hierarchie der Steuerungsfunktionen.* Die Hierarchiestufen (Schichten) realisieren unterschiedliche Teilfunktionen (Steuerungsfunktionen) der Gesamtsteuerungsaufgabe, die zu Steuerungsfunktionsebenen zusammengefaßt sind. Durch die Anordnung der Funktionen von den zeitlich vordringlichsten hin zu den längere Zeiten beanspruchenden, grundsätzlicheren Funktionen ergibt sich die konkrete Hierarchie der Steuerungsfunktionen (vgl. REINISCH, 1974, S. 150). Die einzelnen Hierarchiestufen wirken immer auf das gesamte zu steuernde System ein.

2. *Mehrebenensysteme* (vgl. Abb. 8)
als Resultat einer horizontalen oder räumlichen Dekomposition sind Systeme mit einer *Hierarchie der Koordinierungsebenen.* Die Grundlage für Mehrebenensysteme bildet eine Zerlegung des zu steuernden Systems in Teilsysteme, einschließlich der entsprechenden Zerlegung der Gesamtzielfunktion in Teilzielfunktionen. Innerhalb dieser Systeme realisieren die Hierarchiestufen (Koordinierungs- oder Organisationsebenen) gleichartige Funktionen, jedoch, entsprechend ihrer Stufung, für umfassendere Teile des Gesamtsystems. Durch die Einengung des Handlungsspielraumes durch die übergeordnete Ebene realisieren sich Iterationsprozesse, die zur Optimierung des Gesamtsystems führen.

Für die mittels verschiedener Dekompositionsformen bestimmbaren Hierarchien sind damit unterschiedliche hierarchische Steuerungsstrukturen zur Lösung eines Problems denkbar. Die sich daraus ergebende Frage nach der Optimierung einer Steuerungsstruktur setzt entsprechende Optimierungs- bzw. Gütekriterien voraus, z. B. Informationsverarbeitungsaufwand, Systemzuverlässigkeit, Systemstabilität u. a.

Bei den sich selbst regulierenden Systemen kann eine Trennung in Steuerungsobjekt und -subjekt oft nur sehr verschwommen vorgenommen werden. Durchsichtigere Verhältnisse gewährleistet die bewußt steuernde bzw. leitende Einflußnahme des Menschen. Beispiele dafür sind die Steuerung einer Taktstraße oder — allgemein — eines Fertigungsprozesses in technischen Systemen, die territorial organisierte administrative Verwaltungsgliederung (Staat, Bezirk, Kreis, Gemeinde) oder die zweiglich organisierten Leitungsstrukturen (Ministerium, Kombinat, Betrieb, Betriebsteil, Bereich, Abteilung, Brigade) in sozioökonomischen Systemen. Ferner ist die Steuerung ökologischer Systeme zu vermerken. In die Wechselwirkung von Natur und Gesellschaft wird hier auch die Selbstregulierung, z. B. durch Grenzen der Belastbarkeit, die Selbstreinigung von Gewässern usw. bewußt einbezogen.

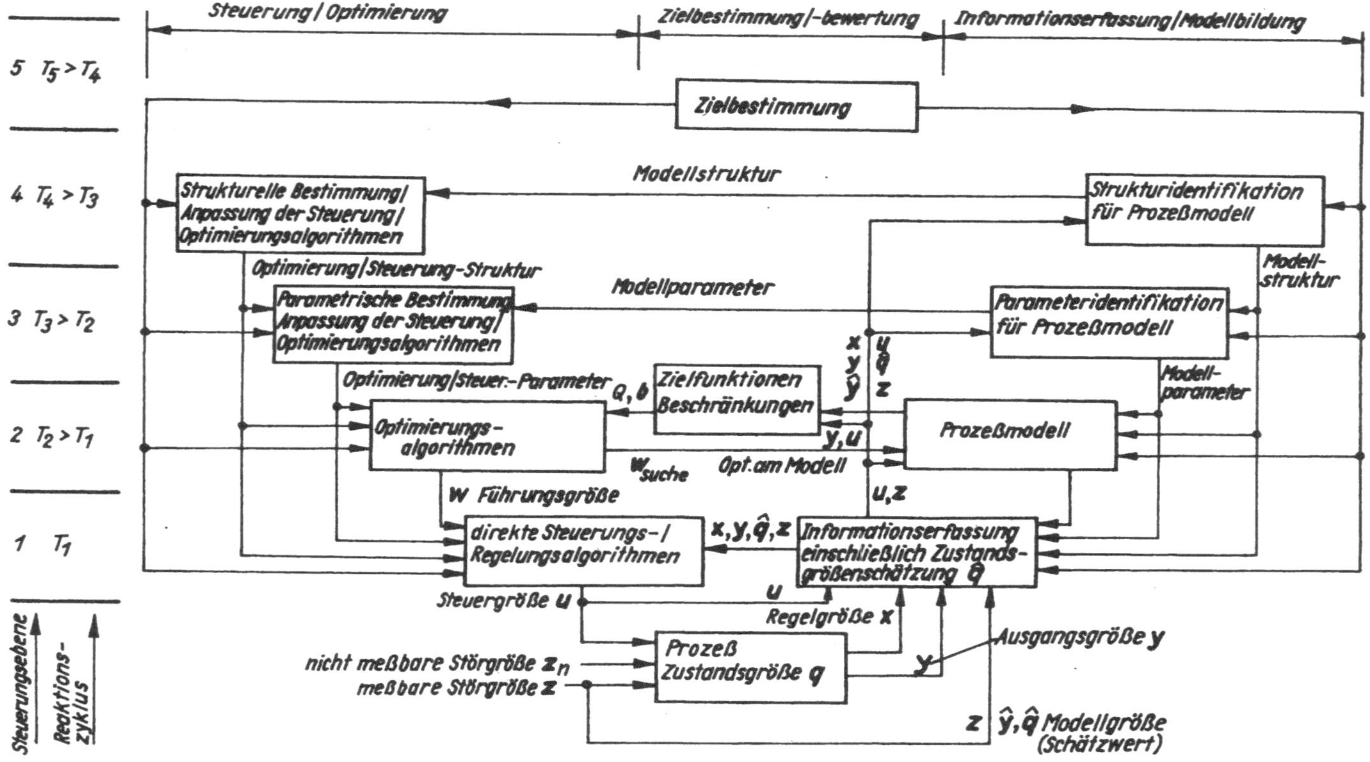

Abb. 7. Hierarchie der Steuerungsfunktionen (REINISCH, 1974, S. 150)

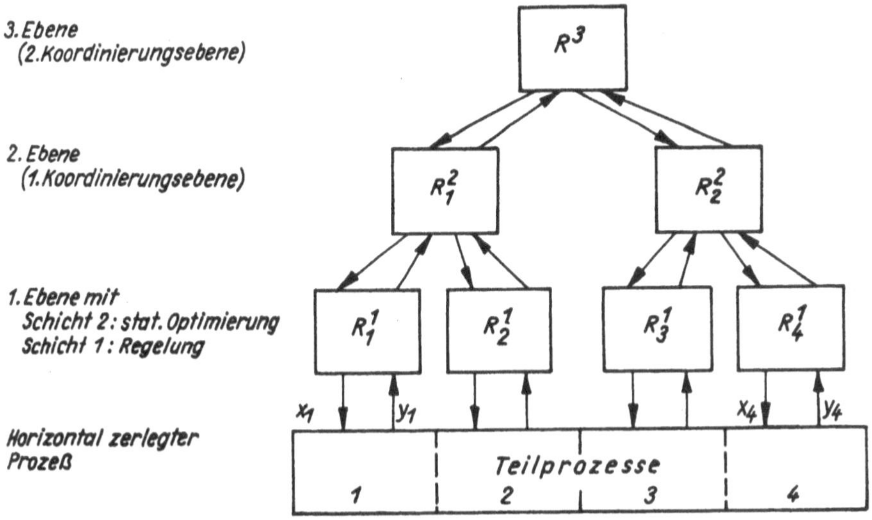

Abb. 8. Mehrebenensystem mit Hierarchie von Organisations-/Koordinierungsebenen (REINISCH, 1974, S. 153)

Unter dem Steuerungs- bzw. Leitungsaspekt finden also die inhaltlichen Ordnungsprinzipien ihre Berücksichtigung, die sich aus der Beeinflußbarkeit oder Stabilität des aufeinander Aufgebauten ergeben und sich in funktionellen Hierarchien der Steuerungs- bzw. Leitungsstruktur widerspiegeln.

3.2.3. Systematisierende Hierarchien

Die hierarchische Orientierung des Dekompositionsprinzips, d. h. die hierarchische Strukturierung des Steuerungssubjektes zur Bewältigung „großer" Systeme unter dem kybernetischen Gesichtspunkt der Steuerung und damit der Konzentration auf das Wesentliche und Notwendige für das Funktionieren des Systems, ist in einem der bereits von DESCARTES formulierten Prinzips enthalten:

> *„Jedes komplexe Problem in eine Menge überschaubarer Einzelprobleme zu zerlegen, erfordert die Koordination dieser Einzelprobleme aus der Sicht einer höheren Ebene. Die Erkenntnis, daß dabei auch die höhere Ebene einen nicht mehr überschaubaren Umfang annimmt, führt auf die Gestaltung von Systemen mit mehreren Ebenen"* (l. c. SCHALLEHN, 1976).

Als Mittel im Erkenntnisprozeß dient dieses Prinzip der hierarchischen Strukturierung vor allem der Systematisierung, d. h. der Entwicklung einer überschaubaren Ordnung. Die systematisierende bzw. ordnende Tätigkeit bei sowohl synthetischer als auch analytischer (dekomponierender) Herangehensweise kann sich im wissenschaftlichen Erkenntnisprozeß an differierenden Gesichtspunkten orientieren. Dies geschieht analog den Möglichkeiten unterschiedlicher hierarchisch-strukturierter Steuerungssubjekte, d. h. auf Grund der verschiedenen Prinzipien folgenden Dekompositionsvarianten (z. B. der territorialen oder zweiglichen Steuerung eines Territoriums).

HAMPL (1981) unterscheidet bezüglich der Notwendigkeit einer Zusammenstellung geodemographischer Teilergebnisse zur Untersuchung solch umfassender Probleme wie demographische Revolution oder Urbanisierung, zwischen ontologischen und gnoseologischen, d. h. den Realitätsbezug bzw. Erkenntnisprozeß widerspiegelnden Prinzipien zur Ordnung der Teilergebnisse.

(1) Sowohl die *ontologischen Prinzipien* wie

die Kompliziertheit	im genetischen (evolutionären) Sinne,
die Komplexität	zur qualitativen Grunddifferenzierung,
die Gattung	zur Differenzierung nach Systemaktivitäten und
der Rang	zur weiteren detaillierteren qualitativen Differenzierung;

(2) als auch die *gnoseologischen Prinzipien* wie

die Abstraktion	zur Differenzierung an Hand der Beziehungen zwischen Abstraktem und Konkretem und
die Generalisierung	zur Differenzierung an Hand der Beziehungen zwischen Allgemeinem und Spezifischem;

bilden einerseits inhaltlich und andererseits methodisch orientiert die Träger der hierarchischen Ordnung (Abb. 6) innerhalb einer aufzubauenden Systematik.

Insbesondere hinter der zergliedernden, vergleichenden, zusammenfassenden oder allgemein ordnenden Betrachtung von Erscheinungen unter gnoseologischen Aspekten verbirgt sich eine durch systematisierende Gesichtspunkte im Erkenntnisprozeß subjektivierte Widerspiegelung der real existierenden Systemhierarchien in einer taxonomisch ausgerichteten Hierarchie.

Auch die hier vorgenommene Konzentration auf den „Ordnungsaspekt" stellt eine zwar realitätsbezogene (ontologische) jedoch subjektiv beeinflußte spezifische Betrachtungsweise allgemeiner Strukturen dar. Ordnungsstrukturen und damit auch Hierarchien widerspiegeln nur Teilerscheinungen allgemeiner Strukturen. Das Herausfiltern der dem hierarchischen Ordnungsprinzip folgenden Teile der Struktur als *das* Problem der Hierarchisierung muß dem subjektiven Erkenntnisprozeß zugeordnet werden. Mit dem Prozeß des Erkennens, Bestimmens oder des Nachweisens objektiv existierender (hierarchischer) Strukturformen im materiellen wie ideellen Bereich, zeigt sich ein subjektiver, durch den menschlichen Erkenntnisprozeß bedingter Einfluß. Dieser wirkt sich vor allem durch die ausgewählten systematisierenden Gesichtspunkte (Ordnungsprinzipien) auf die gedankliche Widerspiegelung der Strukturform (Hierarchie) aus.

Unter dem Systematisierungsaspekt werden also jene inhaltlichen Ordnungs-

prinzipien berücksichtigt, die aus dem Erkenntnis- und Abstraktionsprozeß folgen und sich in der subjektiv überformten Darstellung real existierender hierarchischer Strukturformen widerspiegeln. Sie ergeben sich aus den von der gestellten Aufgabe bzw. der Herangehensweise des Bearbeiters abhängigen Gesichtspunkten oder Blickrichtungen bei der Auswahl der Möglichkeiten des aufeinander Aufbauens.

Gemäß dem einenden Grundgedanken der Hierarchie läßt sich, unter Berücksichtigung der unterschiedlichen inhaltlichen Verfahrensweisen für eine zielgerichtete Strukturanalyse zusammenfassen:

1. Die *philosophische* Bearbeitung liefert mit der Dialektik von Teil und Ganzem die theoretische Basis für den genetischen Zusammenhang, der die strukturelle Subordination erklärt, und damit überhaupt erst die Möglichkeit zur Herausbildung hierarchischer Strukturen.
2. Die *systemtheoretische* Behandlung konzentriert sich, die Funktion berücksichtigend, auf die Notwendigkeit, Zweckmäßigkeit oder sonstige Determiniertheiten der hierarchischen Strukturen.
3. Die *kybernetische* Betrachtungsweise orientiert sich, unter Berücksichtigung von Stabilität, Variabilität usw., auf die Beeinflußbarkeit und Veränderbarkeit, also auf die Steuerung bzw. Leitung hierarchischer Strukturen.
4. Das *taxonomische* Konzept ist, subjektive Faktoren beim Erkenntnis- und Widerspiegelungsprozeß einschließend, auf die subjektiv überformten Widerspiegelungen real existierender hierarchischer Strukturen gerichtet.

Die aus weiteren inhaltlichen Fragestellungen resultierenden inhaltlichen Wesenszüge einer Hierarchie halten einerseits erwartungsgemäß formal am strukturellen Grundgerüst der Hierarchie fest (Abb. 6). Andererseits weisen sie aber auch auf die inhaltliche Spezifizierung der Relationen hin, die das hierarchische Ordnungsprinzip verkörpern bzw. tragen und die zur weiteren Differenzierung oder Überformung der Struktur oder gar zur Ableitung neuer Strukturen führen.

Damit ergibt sich die Notwendigkeit, weitere inhaltliche Wesenszüge, vornehmlich für die Operationalisierung, weniger zur Formalisierung, einzubeziehen.

3.3. Konkrete Erscheinungsformen hierarchischer Strukturen in der Geographie

Aus der Sicht der Einzelwissenschaften stehen nicht die allgemein-methodischen Probleme der Hierarchie als Strukturform im Vordergrund, sondern die Erscheinungen und Phänomene, die zur Herausbildung entsprechender Strukturen führen oder angemessen strukturiert sind. REDFIELD stellt dazu einige Fragen: „Wie sind die Teile innerhalb des Ganzen beschaffen ...? Wie erscheint etwas (Ganzes) außerhalb seiner Teile bildenden Bestandteile? Was sind die Mechanismen der Integration?" (l. c. YOUNG, 1978, S. 73).

Da die Hierarchie als Strukturform Beziehungen zwischen Dingen widerspiegelt, sind es meist inhaltliche, sachliche Beziehungen zwischen diesen Dingen, die die hierarchische Ordnung verursachen oder tragen. Zitate aus der geographischen Fachliteratur belegen dies:

a) „Jedes Gebiet besteht aus Grundeinheiten der Standortbedingungen, gewöhnlich in einer bestimmten Vergesellschaftung und Anordnung, so daß sich das Bild einer übergeordneten Einheit ergibt.
   ... als Gefüge bezeichnet ... ist die Analyse der Strukturform Gefüge wesentlich, weil sie zur Erkenntnis hierarchischer Zusammenhänge in der Landschaftssphäre führt (HERZ u. a., 1980, S. 43) ... Ein hierarchischer Zusammenhang liegt vor, wenn merkmalskorrelierte Elemente eines Gefüges selbst wieder als Gefüge merkmalskorrelierter Einheiten auftreten. Hier erweist sich die von Rang zu Rang sprunghaft zunehmende Vielfalt der Merkmalskorrelationen als geordnete Mannigfaltigkeit" (HERZ u. a., 1980, S. 47).
b) „Sie bilden ... deutlich abgrenzbare und geschlossene Einzugsbereiche um Zentren (sog. zentrale Orte), die sich ihrerseits gut in ein hierarchisch aufgebautes System ... einordnen lassen und ... nach der Art des Baukastensystems aus kleineren Gebieten unterer Ordnung zu größeren Gebieten höherer Ordnung zusammensetzen.
   Es hat sich vielmehr gezeigt, daß bestimmte Kategorien von Verflechtungen zugleich für bestimmte Rangordnungen von Gebieten typisch sind" (SCHOLZ u. a., 1976, S. 219).
c) „Die Rangordnung der Städte und ihrer Umkreise, d. h. ihre Hierarchie, führt zu einer kulturgeographischen Gliederung, ... einer Raumgliederung, ..." (SCHWARZ, 1966, S. 368).
d) „In einer hierarchischen Ordnung können Regionen durch schrittweise Zerlegung größerer Raumeinheiten zu kleineren gebracht werden; dabei sollten die kleineren Regionen in sich selbst homogener sein als die größeren, zu denen sie zusammengefaßt waren oder werden" (BERRY, 1966, S. 189).

Je nach Umfang und Bedeutung der untersuchten Erscheinungen werden aus den Erfahrungen bei der Analyse der konkreten, bestimmte Strukturen verkörpernden Relationen Theorien zur Erklärung der vermuteten bzw. gefundenen Strukturformen entwickelt.

Eine bekannte Theorie zur Erklärung einer Hierarchie in der Geographie ist ohne Zweifel die „Zentralorttheorie". Wegen des ursächlichen Zusammenhangs sei diese räumlich-funktional betrachtete Erscheinung durch die raumzeitlich betrachtete „räumliche Diffusionstheorie" ergänzt. Sowohl die Zentralorttheorie als auch die räumliche Diffusionstheorie sind, analog den THÜNENschen Ringen (VON THÜNEN, 1875) oder dem klassischen Standortmodell (WEBER, 1909), keine spezifisch geographischen, sondern territoriumsbezogene (sozial-)ökonomische Lokalisationstheorien über Standorte und deren räumlich-regionale Verteilung.

Das Ziel besteht nunmehr darin, das formal-strukturelle Grundgerüst der Hierarchie (Abb. 6) auch in hierarchisch strukturierten Erscheinungen der Geographie nachzuweisen sowie die spezifisch-inhaltlichen Probleme in einer konkreten Hierarchie zu ergründen. Diese zu operationalisierenden Probleme müssen dann eine rechentechnisch zu realisierende, zielgerichtete Strukturanalyse gewährleisten.

3.3.1. Ziel und Inhalt der Zentralorttheorie

Häufig zu beobachten ist das wesentlich größere Sortiment an Gütern in Einzel- bzw. Großhandelseinrichtungen, in der Versorgung bzw. an Dienstleistungen, auf den Gebieten Bildung und Kultur, im Gesundheitswesen, in Erholung, Hauswirtschaft usw. und an Arbeitsmöglichkeiten in großen Zentren verglichen mit kleineren Zentren. Daher liegt das Schwergewicht vieler Untersuchungen darauf, die Zusammenhänge zwischen der Anzahl zentraler Funktionen und der Einwohnerzahl von Siedlungen zunehmend exakter zu bestimmen. Die allgemeinen Prinzipien der territorialen Arbeitsteilung vorausgesetzt, basieren diese Zusammenhänge auf dem innerhalb der territorialen Siedlungsstruktur herrschenden Organisationsprinzip der Zentralität (vgl. Abb. 9).

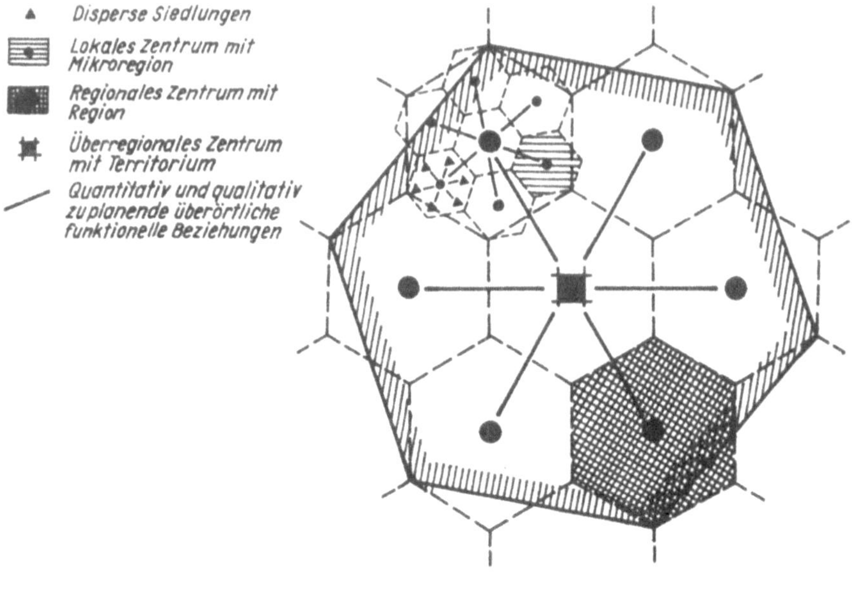

Abb. 9. Modell der territorialen Siedlungsstruktur
(nach CHRISTALLER, LÖSCH SCHESCHELGIS u. a. in: WEBER/BENTHIEN, 1976, S. 149)

„Der zentrale Ort
ist der Standort von Funktionen, die für ein weiteres Gebiet ausgeübt werden. Dabei besteht eine dauernde Wechselbeziehung zwischen Gebiet und zentralem Ort. Gebiet und zentraler Ort bilden eine Funktionseinheit" (WEBER/BENTHIEN, 1976, S. 148).

Als wesentliche Funktionsträger, also zentrale Einrichtungen, werden von SCHOLZ (1976, S. 212)

a) die Produktionseinrichtungen (Industrie, Land- und Bauwirtschaft, Handwerk),
b) Einrichtungen der Zirkulation und Distribution (Handel, Geldwesen),
c) Planungs- und Leitungsorgane der Volkswirtschaft sowie
d) Versorgungs- und Dienstleistungseinrichtungen (Bildung, Kultur, Gesundheitswesen, Hauswirtschaft, Erholung u. a. m.)

angesehen. Die sich aus dem Umfang und der Spezialisierung vorhandener Funktionsträger ergebende Differenzierung der zentralen Orte weist dabei eindeutig auf eine Rangordnung, nämlich die der Zentralorte hin. Diese Struktur tragende Relationen sind u. a. versorgungsräumliche, Verkehrs-, Nachrichten- oder Pendlerbeziehungen.

Die zur Erklärung entwickelte „Theorie der zentralen Orte" geht auf CHRISTALLER (1933) zurück, mit folgenden Prämissen:

a) Die Siedlungen sind in einem Dreiecksgitter angeordnet;
b) jede Siedlung ist von einem hexagonalen Feld umgeben;
c) die Felder stellen die räumliche Untergliederung einer undifferenzierten Fläche dar.

Entsprechend der Variation des hexagonalen Gitternetzes (Abb. 10a) nach Orientierung und Flächengröße ändert sich die Anzahl der von einem zentralen Ort zu bedienenden Siedlungen. Diese Anzahl (der k-Wert) dient der Charakterisierung der einzelnen Varianten. Für die neun kleinsten hexagonalen Felder ergeben sich die k-Werte 3, 4, 7, 9, 12, 13, 16, 19 und 21, deren unterschiedliche Wahrscheinlichkeit des Auftretens an Hand der maximalen Distanz zwischen zu bedienendem und zentralem Ort plausibel wird (Abb. 10b). Eine weitere wesentliche Annahme CHRISTALLERS ist

d) ein im gesamten Untersuchungsgebiet (Region) jeweils konstanter k-Wert der Abhängigkeit zwischen den einzelnen Hierarchiestufen, nämlich:
Versorgungsprinzip k = 3,
Verkehrsprinzip k = 4,
Verwaltungsprinzip k = 7.

Letzteres würde praktisch die Verwaltungsgliederung eines jeden Landes, übertragen auf die administrative Struktur, in 7 Bezirke, 49 Kreise und 343 Gemeindeverbände bedeuten.

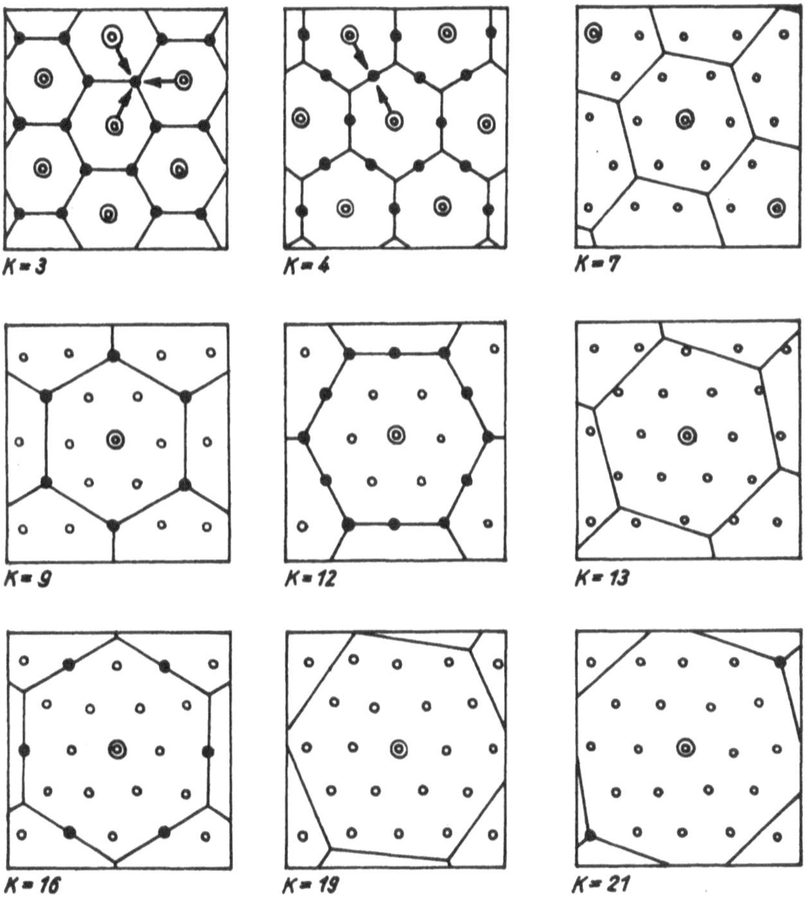

a) geometrische Darstellung

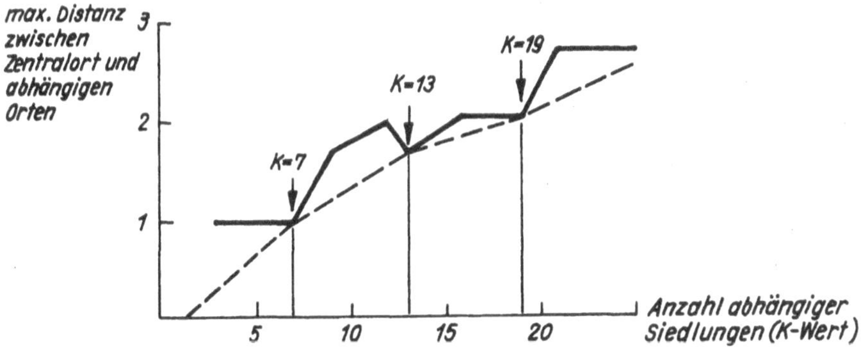

b) Diagramm der relativen Effizienz

Abb. 10. Die neun kleinsten hexagonalen Territorien in einer Siedlungsverteilung nach LÖSCH (HAGGETT, 1973, S. 150 f.)

Bereits die Auseinandersetzungen britischer Geographen mit den Modifikationen der mittelalterlichen Verwaltungsgliederung, hervorgerufen durch die Industrialisierung, führten an Hand empirischer Beobachtungen zur ersten Kollision mit der Zentralorttheorie. Das erforderte, die „schwierigen, abweichenden Fälle jener industriellen Zentren, welche die regelmäßige Hierarchie ‚durcheinander' bringen" (HAGGETT, 1973, S. 143), zu behandeln. Andererseits ergibt sich für die sozialistische Territorialplanung heute anstelle eines starren, streng hierarchisch und konzentrisch aufgebauten Zentralortsystems die Zielstellung, „die Siedlungen mit Defiziten und die Siedlungen mit Überschüssen an Leistungen einander so zuzuordnen, daß die Defizite gedeckt und die Überschüsse soweit wie möglich abgebaut werden" (WAGNER, 1972, S. 5).

Wie lautet also die Quintessenz?

Nein zum regelmäßigen, starren, streng hierarchischen Zentralortsystem im Sinne von CHRISTALLER?

Ja zur Existenz einer Rangordnung von zentralen Orten?

Ja zur Notwendigkeit der Zu- bzw. Unterordnung von „Defizitsiedlungen" zu „Überschußsiedlungen" in versorgungsräumlichen Systemen (Teile zu einem Ganzen)?

Die CHRISTALLERsche Theorie wurde in zwei Richtungen modifiziert. Erstens sind geographische Tatbestände vermehrt einbezogen worden, um realere Verhältnisse darzustellen. Zweitens wird nach einem Modellschema gesucht, das mathematisch formulierbar sein soll (vgl. SCHWARZ, 1966). Es ist jedoch nötig, sich an den einzelwissenschaftlichen, geographischen Aspekten zu orientieren und trotzdem zu versuchen, ein mathematisch formalisierbares Modellschema aufzustellen.

Folgende in der Zentralorttheorie allgemein noch ungenügend gelöste Grundprobleme sind zu behandeln:

1. Besonderheiten, die sich aus der Zuordnung der miteinander in Beziehung (Relation) stehenden Objekte zu den konkreten Hierarchiestufen ergeben. Da sich jeder zentrale Ort selbst bedient, steht er bezüglich der der Hierarchie immanenten Beziehungen zu sich selbst in Relation.
   Damit wird das Problem der Existenz von sowohl reflexiven wie irreflexiven hierarchischen Strukturen angeschnitten (vgl. 2.3. (1)).
   Die übergeordneten Zentren enthalten alle Funktionen der untergeordneten; jeder zentrale Ort vertritt damit auch alle niederen Hierarchiestufen. Folglich können auch Objekte zwischen denen mehrere Hierarchiestufen „Zwischenraum" ist, innerhalb der Hierarchiebeziehungen zueinander in Relation stehen. Innerhalb des versorgungsräumlichen Systems eines zentralen Ortes sind damit Siedlungen unterschiedlicher Hierarchiestufe gleichberechtigt vertreten. Dahinter verbirgt sich das Problem (vgl. 2.3. (3)) der durch die Lagebeziehungen bedingten realen Existenz transitiver Überbrückungen. Eine entsprechende Lagegunst kann daher eine spezifische Aufwertung innerhalb der allgemein formalen hierarchischen Struktur bewirken.

2. Die Berücksichtigung der Stetigkeit bzw. Kontinuität der Siedlungsgrößenverteilung oder der Verteilung zentraler Funktionen.
   Wohl die bekannteste Modifizierung dieser Art ist die mittels variabler k-Werte (vgl. Abb. 11) von LÖSCH (1954) entwickelte Theorie, die vor allem die empirisch zu beobachtenden stetigen Beziehungen zwischen den Einwohnerzahlen und der Anzahl zentraler Funktionen widerspiegelt. Siedlungen gleicher Größe müssen nicht unbedingt auch gleiche Funktionen haben und größere Orte nicht unbedingt alle Funktionen der kleineren zentralen Orte umfassen. Unter Berücksichtigung der natürlichen Umwelt (Ressourcenverteilung) und Konzentrationserscheinungen „ergibt sich ein theoretisches Verteilungsmuster, das vielfach besser mit der Wirklichkeit übereinstimmt als jenes von CHRISTALLER" (s. HAGGETT, 1973, S. 156). Die Einbeziehung der Kontinuität besagt jedoch nicht, daß keine Stufung existiert, sie läßt sich nur nicht im nominalen oder ordinalen Sinne beschreiben. Es erfordert ein quantifizierbares metrisches Maß der Stufung, des Niveaus usw., wofür die qualitativen Sprünge an Hand der Verteilungsfunktion oder anderer Hilfsmittel mittels mathematisch-statistischer Verfahren (Histogramme, multivariate Statistik) von Fall zu Fall objektiv bestimmbar sind.
3. Das Problem von Zufall und Notwendigkeit und damit die Einbeziehung von Wahrscheinlichkeiten für die Ausprägung bestimmter hierarchischer Strukturen.

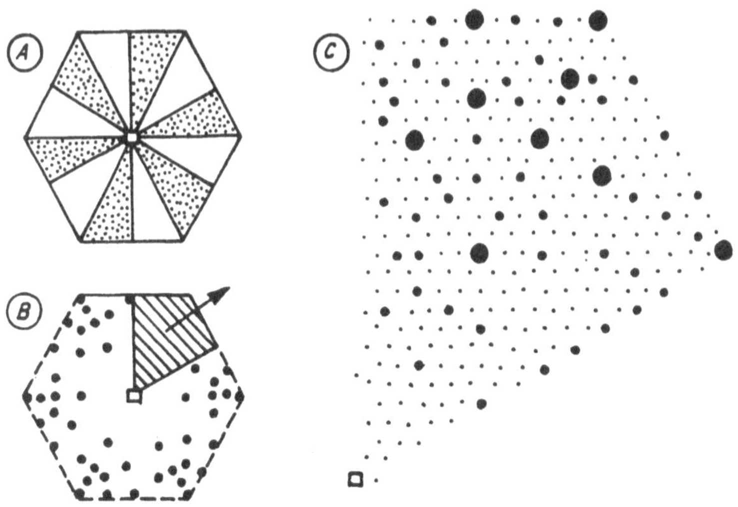

Abb. 11. Siedlungsverteilung nach LÖSCH mit abwechselnd städtereichen und städtearmen Sektoren (A), Verteilung der großen Städte (B) und Verteilung aller Zentren in einem Sektor (C) (HAGGETT, 1973, S. 156)

Manche Autoren halten am einfacheren Modell von CHRISTALLER fest. Unter Beibehaltung der einfachen Struktur werden Differenzen zwischen theoretischen und empirischen Ergebnissen, im allgemeinen methodischen Sinne als Streuung, durch ein Zufallselement erklärt. BECKMANN meint: „Dieses Zufallselement könnte ausreichen, um die starren Stufen der zentralörtlichen Hierarchie in eine kontinuierliche Rang-Größen-Sequenz zu verwandeln" (l. c. HAGGETT, 1973, S. 156). Auch „POKSISEVSKIJ bezeichnet CHRISTALLERS Theorie als ein ‚progressives Faktum', wenn die Kriterien für diese Hierarchie in der Sphäre der materiellen Produktion gesucht werden und statt eines geometrischen Raumschemas das gegebene geographische Milieu berücksichtigt wird" (l. c. WEBER/BENTHIEN, 1976, S. 147). Gerade aus der materiellen Produktion und dem geographischen Milieu lassen sich einige Erscheinungen erklären, z. B. Funktionsteilungen, die bei empirischen Untersuchungen in einem nicht mehr zu unterschlagenden Ausmaß auch Umkehrungen innerhalb der Hierarchiebeziehungen hervorbringen.

3.3.2. Räumliche Diffusionstheorie

Die Ausbreitung von Erscheinungen und Phänomenen innerhalb eines bestimmten Gebietes ist ein weiteres vielbeachtetes Problem in der Geographie. Die Verbreitung eines Objektes (Konsumgüter, Technologien, Investitionen usw.) in einem bestimmten Medium (Territorium), in der Literatur räumliche Diffusion genannt, wird von ZALTMAN/LIN „auch als strukturierte Interaktion zwischen Adoptern und potentiellen Adoptereinheiten bezeichnet" (l. c. GSCHAIDER, 1981, S. 27). Dieser Ausbreitungsvorgang ist nicht einfach ein zeitlicher Prozeß. Er kann nach KLINGBEIL (1980, S. 2) auch als eine Sequenz von Ereignissen in der Zeit definiert werden. Somit besteht nach KAAS das Ziel der Diffusionsforschung „nicht nur darin, den Endzustand aufzuzeigen, den ein System nach Absorption einer Innovation annimmt. Dazu würde eine komparative, statische Betrachtung ausreichen. Die Diffusionsforschung zielt vielmehr auch auf die zeitliche Entwicklung zwischen den Gleichgewichtszuständen" (l. c. GSCHAIDER, 1981, S. 29).

Fragen der Art, inwieweit die geographischen Gegebenheiten des Territoriums den Verlauf des Diffusionsprozesses determinieren, stehen somit im Vordergrund einer räumlichen Diffusionsforschung. Nach GSCHAIDER (1981) üben dabei der Nachbarschafts- und der Hierarchieeffekt einen zentralen Einfluß auf den Diffusionsverlauf aus.

Unter dem Hierarchieeffekt versteht GSCHAIDER (1981, S. 42) „die Ausbreitung eines Objektes vom ranghöchsten räumlichen Zentrum zu den rangniedrigsten Zentren".

Der Hierarchieeffekt wird in dem Maße bedeutsam, in dem der Nachbarschaftseinfluß und damit die direkten persönlichen Kontakte und Informationen an Einfluß verlieren. Bei einer parallelen Wirkung, wie sie von BAHRENBERG/LOBODA (1973) bei der Ausbreitung des Fernsehens in Polen beobachtet wurde, wird zwischen vertikaler, d. h. inhaltlich differierender, hierarchisch gestaffelter und horizontaler, d. h. auf Nachbarschaft beruhender Diffusion unterschieden.

Sowohl HÄGERSTRAND (1952), der von einem durch die städtische Hierarchie kanalisierten Verlauf der räumlichen Diffusion spricht, als auch BERRY (1972), der das Innovationspotential eines Zentrums als Funktion seines eigenen Ranges in der städtischen Hierarchie betrachtet, stellen die Hierarchie der zentralen Orte als eine Voraussetzung räumlicher Diffusion dar.

Wegen der Beziehungen zwischen Zentralorttheorie und räumlichem Diffusionsprozeß lassen sich die inhaltlichen Schwerpunktprobleme eines *räumlichen Systems* auf einen *räumlichen Prozeß* übertragen.

Dieser Exkurs in die räumliche Diffusionstheorie deutet Zusammenhänge an, die aus dem Übergang von der räumlichen zur zeitlichen Betrachtungsweise eines inhaltlichen Problems (z. B. der Zentralität) folgen. Dabei sind allerdings die Unterschiede zwischen dem räumlichen System der zentralen Orte, einschließlich dessen hierarchischer Struktur, und dem darauf basierenden, ebenfalls als System anzusehenden räumlichen Prozeß der Diffusion zu berücksichtigen. Mit anderen Worten, die bei einer funktionalen Betrachtungsweise räumlicher Erscheinungen erkannten hierarchischen Struktureffekte finden ihren Niederschlag auch in den ursächlich auf dieser funktionalen Struktur basierenden zeitlichen Prozessen.

3.4. Wesen der Hierarchie

Werden die Darlegungen der drei abgehandelten Betrachtungsebenen zusammengefaßt, stellt sich der Charakter der Hierarchie als Strukturform folgendermaßen dar: Sowohl in den Organisationsformen der Materie (Elementarteilchen – Atom – Molekül, Zelle – Organ – Organismus), in Steuerungs- und Leitungssystemen (Brigade – Abteilung – Bereich – Betrieb – Kombinat – Ministerium, Gemeinde – Gemeindeverband – Kreis – Bezirk – DDR – RGW), im Erkenntnisprozeß (Deduktives bzw. induktives oder analytisches bzw. synthetisches Zerlegen bzw. Aggregieren, Gruppieren – Typisieren – Anordnen) als auch bei der strukturellen Realisierung des versorgungsräumlichen Prinzips durch die Zentralorthierarchie, stets lassen sich folgende drei inhaltliche Wesensmerkmale (Aspekte) erkennen (Abb. 2):

3.4.1. Hierarchische Beziehungen (HIER. ASP: 1)

Bezogen auf konkrete Inhalte widerspiegeln sie das sich aus einer paarweisen

Elementbetrachtung ergebende bäumchenartige Beziehungsgeflecht, die Relationen, zwischen den Elementen.

a) Es stellt die konkrete Realisierung eines inhaltlich-funktional bestimmten Ordnungs- oder Organisationsprinzips als strukturelle Subordination dar.
b) Dahinter verbirgt sich – in unterschiedlicher Form – der ordnende Charakter der ihrem Wesen nach als „Enthaltenseinsrelation" ausdrückbaren, empirisch erfaßbaren Eigenschaften und Relationen der Elemente.
c) Sei es die „schrittweise Zerlegung" bei BERRY (1966), das „Baukastensystem" bei SCHOLZ (1976) oder seien es die selbst „als Gefüge auftretenden merkmalskorrelierten Elemente" bei HERZ (1980), stets steht das philosophische Relationspaar „Teil und Ganzes", d. h. die Relation „... ist Teil von ..." in irgendeiner konkreten Form dahinter.
d) Die von den Objekten eingegangenen, in einer bestimmten Weise geordneten Verknüpfungen dienen stets einem konkreten Zweck, einem Ziel oder einer Funktion, zu deren Realisierung diese Beziehungen eingegangen worden sind.
e) Diese Verknüpfungen sind also der Ausgangspunkt jeglicher zielgerichteten Strukturanalyse.

3.4.2. Hierarchische Ordnung (HIER. ASP: 2)

Sie widerspiegelt den die strukturelle Subordination hervorbringenden und damit die sukzessive Anordnung der Elemente in Strukturreihen bewirkenden genetischen Zusammenhang.

a) Die Strukturreihen stellen als Widerspiegelung der relativen Stellung der Elemente im Beziehungsgeflecht eine konkrete Realisierung der Unter- bzw. Überordnung zwischen den Elementen dar.
b) Die Strukturreihen implizieren eine an die Elemente gebundene quantitative Differenzierung bzw. einen qualitativen Wandel des Inhaltes der Beziehungen.
c) Diese im Beziehungswandel enthaltene Ordnung, die im Sinne des ordinalen Charakters der natürlichen Zahlen (Ordinalzahlen) eine Rangordnung bestimmt, läßt sich sowohl aus diskreten (Rangskala) wie stetigen Merkmalen ableiten. Alle Autoren benutzen im Zusammenhang mit der Hierarchie den Begriff Rangordnung. Der Übergang von einer diskreten Rangordnung zu einer kontinuierlichen Ordnung spiegelt sich u. a. zwischen den Hierarchien von CHRISTALLER (1933) und LÖSCH (1954) wider.
d) Rein methodisch ermöglicht jeder, die Unter- bzw. Überordnung inhaltlich beschreibende Sachverhalt, eine mathematische Ermittlung des Größer- bzw. Kleinerseins (vgl. SCHMIDT, 1976) und damit eine Anordnung. Bei ordinalskalierten Sachverhalten, d. h. Kategorien in einer bestimmten Reihenfolge, kann dies durch Abstraktions-, Entwicklungs- oder Generalisierungs-

stufen erfolgen bzw. bei metrisch skalierten durch das Maß der Heterogenität, Zentralität, Kompaktheit, Bedeutung oder Kompliziertheit.

e) Die konkrete Ordnung der Hierarchie kann inhaltlich sowohl in der die Verknüpfung der Elemente widerspiegelnden Struktur als auch in der speziellen Zielstellung der Strukturanalyse (Theorien, Hypothesen) begründet liegen. Hier sind oft theoretische oder hypothetische Vorstellungen einzubringen. Je nach der adäquaten Widerspiegelung ergibt sich aus dem empirischen Beziehungsgeflecht nicht immer eine eindeutige Unter- bzw. Überordnung.

f) Der Wandel der Beziehungen und damit die Ordnung läßt sich inhaltlich-methodisch durch
Wichtung der Beziehungen (Pendlerintensitäten),
inhaltliche Spezifizierung der Beziehung (Tages-, Wochen-, Monats- oder Fernpendler) oder
inhaltlichen Wandel der diesen „Enthaltenseins"-Charakter ausdrückenden konkreten Beziehungen (Versorgungs-, Pendler–, Produktionsbeziehungen usw.),
darstellen. Der Wandel klingt bei HERZ (1980) durch die „von Rang zu Rang sprunghaft zunehmende Vielfalt der Merkmalskorrelationen" und bei SCHOLZ (1976) in der „Zuordnung bestimmter Kategorien von Verflechtungen zu den entsprechenden Rangstufen" an.

3.4.3. Hierarchische Kategorien (HIER. ASP: 3)

Sie widerspiegeln eine Differenzierung (Zerlegung) in Gruppen, Klassen oder Typen, die mehr als zwei charakteristische Niveaus, Stufen, Ränge, Etappen oder Grade verkörpern und auf der relativen Stellung der Elemente in der Strukturreihe, also dem genetischen Zusammenhang, basieren.

a) Für die Gruppen von Elementen der Hierarchie ist eine Zerlegung in mindestens drei Stufen zu fordern. Einerseits widerspricht die Unzerlegbarkeit der Grundgesamtheit, d. h. die Indifferenz der Elemente, der Möglichkeit einer Unter- bzw. Überordnung. Andererseits vernachlässigt die Zerlegung in nur zwei Gruppen, d. h. in die Gruppe der sich unterordnenden und die der übergeordneten Elemente, deren qualitative Besonderheiten, da sie sich sowohl unterordnen müssen als auch übergeordnet sind.

b) Der typische Habitus eines hierarchisch strukturierten Systems wird durch die mittleren Stufen geprägt, die durch die Gleichzeitigkeit der Unter- *und* Überordnung charakterisiert sind. DOMBOIS (1971) bezeichnet dies auch als „Ambivalenz des Verhaltensstils".

c) Die Problematik jeder Hierarchie zeigt sich jedoch darin, inwieweit die Integration der Extremgruppen umgesetzt werden kann. Diese Gruppen sind durch eine einseitige Unter- *oder* Überordnung gekennzeichnet, d. h., daß sich diese „Ambivalenz" nicht von allein ergibt.

d) Wird weiterhin die Kontinuitätsforderung berücksichtigt, z. B. gemäß der Zentralorttheorie, ergibt sich bei der Zerlegung der Elementmenge zu Hierarchiestufen methodisch ein ähnliches Problem wie in der Klassifikationsmethodologie. Dort versagte das „Schubkastenprinzip" der Kategorien nominal skalierter Merkmale, als die Verwendung stetiger Merkmale (metrisch skaliert) einsetzte. Dies löste Entwicklungen der multivariaten Statistik und neuer Ordnungs- und Typenbegriffe aus (vgl. HEMPEL/OPPENHEIM, 1936; LAUTENSACH, 1953).

Kritisch anzumerken ist die oft vordergründige Betonung der Aspekte „hierarchische Ordnung" und „hierarchische Kategorien", auch als Hierarchiestufen zusammenfaßbar, gegenüber den diese Strukturformen hervorrufenden Beziehungen. Die auf diesem Niveau fast völlige Vernachlässigung des „hierarchischen Beziehungsgeflechts" erscheint bedenklich, da es ja die Unbestimmtheit, wer denn wem untergeordnet ist, beseitigen kann. Deshalb ist wohl zu unterscheiden, und alle drei Aspekte sind entsprechend zu beachten.

3.4.4. Differenzierung hierarchischer Strukturen

Die Analyse bzw. die Bestimmung hierarchischer Strukturen kann sowohl von einer objektiven als auch von einer subjektiven Auswahl der Ordnungsprinzipien geprägt sein, z. B.

funktional,	auf Sinn und Zweck der Struktur orientiert,
räumlich,	auf einen speziell definierten Raum bezogen,
dynamisch,	über den Prozeß auf die Zeit bezogen.

(1) *Funktionale Hierarchien* können in objektiv existierenden Erscheinungen und Phänomenen der Realität auftreten (Elementarteilchenhierarchie, biologisch-genetische Entwicklungsformen, versorgungsräumliche Hierarchie). Sie können aber auch, subjektiv überformt, die Abstraktionsstufen beim menschlichen Erkenntnisprozeß als systematisierende Hierarchien darstellen. Das konkrete taxonomische Grundgerüst der Biologie, unterteilt in Reich, Stamm, Gattung, Familie, Art, ist dafür ein Beispiel. In anderen Strukturformen kann z. B. eine konkrete Kausalstruktur auch als funktionale Hierarchie gegeben sein.

(2) *Räumliche Hierarchien* sind, in Abhängigkeit von speziell definierten Räumen und Metriken, in den verschiedensten Formen anzutreffen. Es existieren unterschiedliche räumliche Ordnungen einer versorgungsräumlichen Struktur, je nachdem, ob der EUKLIDische Raum samt seiner Metrik (in die Ebene projizierte Erdoberfläche) oder ein Relativraum (vgl. KILCHENMANN, 1972) mit einer spezifischen Metrik als räumliches Bezugssystem zugrunde gelegt wird. Andererseits stellt die funktional-räumliche Ordnung, basierend auf den Beziehungen der Objekte im Qualitäten verkörpernden Merkmalsraum, eine methodische Nahtstelle zu den funktionalen Hierarchien her.

(3) Unter *dynamischen Hierarchien* sind zeitliche Veränderungen solcher Ordnungen zu verstehen, die das Ergebnis zeitlicher Diskontinuitäten sind, wie die Mehrschichtsysteme von Steuerungsfunktionen oder die zeitabhängigen Diffusionsniveaus im räumlichen Diffusionsprozeß.

Gemäß der Dialektik von Teil und Ganzem ist der Zeitfaktor als genetischer Aspekt jeder Hierarchie immanent. Das genetische Moment ist als Entwicklungsniveau in der Hierarchie der biologischen Reiche, bei der Herausbildung zentraler Orte einer bestimmten Stufe, in erkenntnisabhängigen systematisierenden Hierarchien, in der hierarchischen Gliederung von Raum (Lithosphäre) und Zeit (Erdgeschichte) im allgemeinen geologischen (Struktur-)Modell von HARFF/KAPELLE (1977) oder in der Hierarchie der Bedingungskomplexe kartographischer Zeicheninterpretationsprozesse (vgl. BOLLMANN, 1979) gegeben.

Summa summarum stellen die angeführten, unter spezifischen Gesichtspunkten gesehenen Hierarchieformen nur unterschiedliche Betrachtungsweisen *einer* Hierarchie dar, die sich zur Erfüllung einer Funktion, eines Zieles oder Zweckes herausgebildet hat und bestimmten Ordnungsprinzipien folgt. Die Hierarchie ist in erster Linie funktionale Hierarchie, die angesichts ihrer Realisierung in Raum und Zeit die spezifischen räumlichen und zeitlichen Hierarchien bedingt (Abb. 12).

3.4.5. Relativierung hierarchischer Strukturen

Je tiefer konkrete hierarchische Strukturen analysiert werden, um so deutlicher werden jene Probleme, die sich aus dem Verhältnis der Struktur als Ganzes und den Teilen der Struktur ergeben, die hierarchischen Ordnungsprinzipien folgen. Ein solches Problem deutet sich bei der Ableitung von Steuerungs- und Leitungshierarchien an. Hier erhebt sich die Frage, inwieweit die *nur* dem hierarchischen Teil folgende Steuerungsstruktur anders gelagerte Strukturformen innerhalb eines Systems, in ihrem Sinne zu überformen, umzudeuten, zu überbauen, zu relativieren oder zu kompensieren vermag.

Negative Auswirkungen könnten sich ergeben, wenn notwendige Informationsströme zwischen gleichgestuften Objekten nur über höherrangige Objekte fließen. Eine Relativierung verspricht unter anderem der Übergang vom reinen hierarchischen System zum Verbundsystem (vgl. BAHRDT, 1958), worin ein bestimmter Informationsfluß zwischen Gleichgestuften möglich ist.

In der Zentralorttheorie ergibt sich bei Berücksichtigung der Kontinuität der Erscheinungen das Problem, in welchem Maße regelmäßige, starre, strenge Hierarchien der Wirklichkeit entsprechen.

Oder, was ist zu tun, wenn die dem hierarchischen Ordnungsprinzip widersprechenden Beziehungen einen solchen Umfang erreicht haben, daß sie nicht mehr vernachlässigt werden dürfen.

Verallgemeinernd gilt es, die Zufälligkeit der Abweichungen u. a. mit Hilfe der Wahrscheinlichkeitstheorie abzuschätzen.

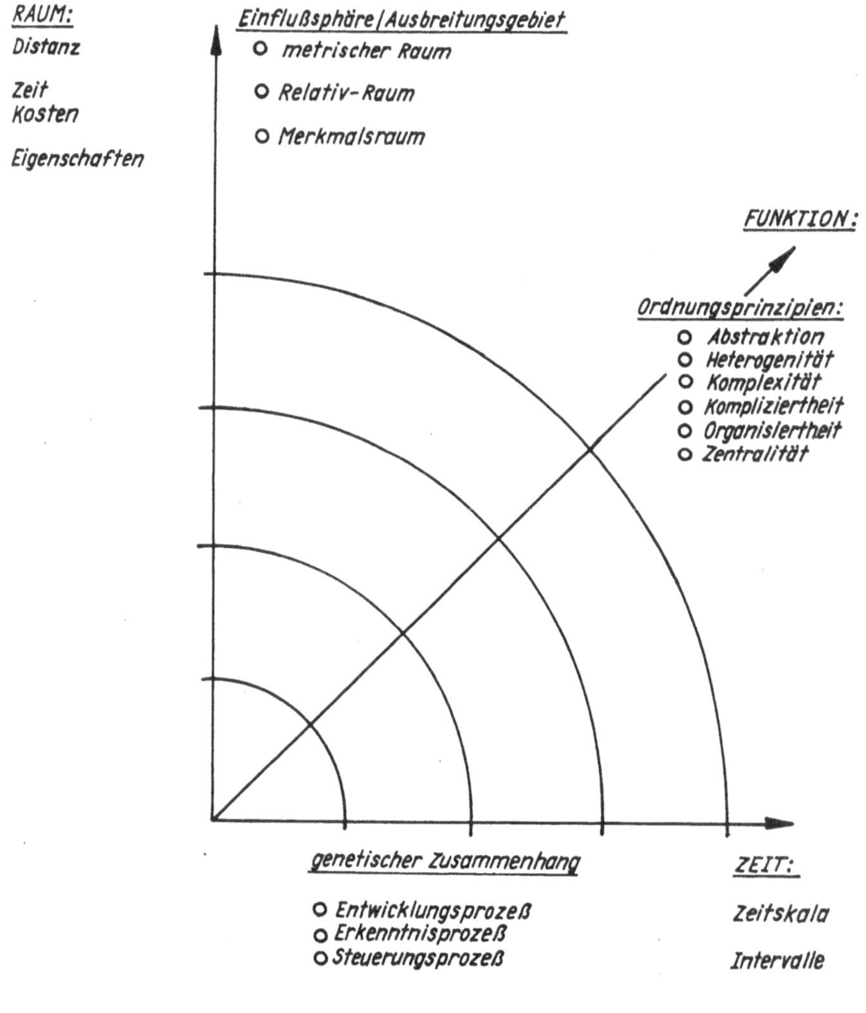

Abb. 12. Die Differenzierung und der Zusammenhang von funktionalen, räumlichen und zeitlichen Hierarchien

Beschränkt sich der Zufall auf menschliches Versagen, Schwächen oder Ungenauigkeiten usw. bei der Erfassung der Erscheinungen, dann vermitteln die mathematische Statistik und die Wahrscheinlichkeitsrechnung entsprechende Aussagen, die auch in der Hierarchie berücksichtigt werden. Die einzelnen Hierarchiestufen wären dann, u. a. mit möglichen Überlappungsbereichen, unterschiedlich ausgeprägt. Schwieriger ist das Zufallselement im Hierarchiekonzept selbst zu berücksichtigen: In Abhängigkeit von den Hierarchiestufen und im Sinne einer optimalen Anpassung (Funktionsteilung, Standortverflechtung) lassen sich dem Organisationsprinzip gewisse Toleranzbereiche zugestehen, in denen die Unter- bzw. Überordnung organisiert wird. Dies würde bedeuten, daß die Steuerzentrale einer bestimmten Ebene dem Optimierungsziel einer übergeordneten Steuerzentrale bis zu einer gewissen Toleranzgrenze entgegenarbeiten könnte. Ein zentraler Ort gibt – dem geographischen Milieu (Zufallselement) gemäß – einige nur für diese Ebene charakteristische Funktionen an einen wesentlich niedrigeren zentralen Ort im Sinne einer Funktionsteilung ab. Hier entsteht das philosophische Problem von Zufall und Notwendigkeit solcher Abweichungen.

Einen möglichen Ansatzpunkt zur Einbeziehung dieser Erscheinungen liefert die von PESCHEL (1978) auf der Grundlage der Theorie unscharfer Mengen (fuzzy sets) entwickelte Hierarchie der Determiniertheit (det-Stufen). Dieses Konzept, konsequent umgesetzt, müßte eine Art Meta-Hierarchie, eine Hierarchie des hierarchischen Konzepts, ergeben. Strenge Hierarchien werden in ihrer absoluten Determiniertheit durch die det-Stufe 0 (mechanischer Determinismus) beschrieben. Die weiteren det-Stufen würden dann den Übergang zu den reinen Symmetrien als Strukturform widerspiegeln.

Die realen Strukturen befinden sich dann irgendwo zwischen den beiden Extremen der strengen Hierarchie mit eindeutiger Unter- und Überordnung und der reinen Symmetrie mit völliger Gleichberechtigung.

Damit steht bei einer zielgerichteten Strukturanalyse, neben dem Erkennen des hierarchisch organisierten Teils einer allgemeinen Struktur, die Frage nach dem Umfang oder dem Grad bzw. Ausmaß der hierarchischen Organisiertheit dieser Struktur.

4. Analyse hierarchischer Strukturformen in ihrer Einheit von Allgemeinem und Besonderem

Analog zur Struktur allgemein (vgl. VOGEL, 1977) ist das Wesen der Hierarchie als spezielle Ordnungsstruktur in der Einheit von Allgemeinem und Besonderem begründet. Die methodische Umsetzung dieser manchmal erheblich voneinander abweichenden Wesenszüge trifft auf unterschiedliche Schwierigkeiten und Erfahrungen.

1. Die allgemeinen Wesenszüge stellen eine bereits von den konkreten Erscheinungen, also dem Einzelnen ausgehende Abstraktionsform dar. Sie sind daher einer formalisierten, mathematischen Darstellung zugänglicher. Für diesen im folgenden als *Formalisierung* bezeichneten Vorgang kann – je nach Zielstellung – auf eine Reihe interdisziplinärer Erfahrungen zurückgegriffen werden. Die Formalisierung der Hierarchie als Strukturform erfolgt hier eingebettet in die von STOSCHEK (1981) vorgelegte formalisierte Strukturtheorie. Diese ist speziell auf die rechentechnische Informationsverarbeitung orientiert. „Als erste Ausbaustufe einer ingenieurmäßig orientierten ‚angewandten Strukturtheorie'" konzipiert, ermöglicht sie eine „einheitliche mathematische Behandlung von praktisch relevanten Analyse- und Syntheseproblemen ... spezieller Strukturen" (STOSCHEK, 1981, S. 13), wie sie als graphentheoretisches Methodenspektrum, Bildverarbeitung im Sinne von Mustererkennung (pattern recognition) usw. auch bei geographischen Strukturanalysen anzutreffen sind.

2. Als besondere Wesenszüge werden solche Charakteristika betrachtet, die als mehr oder weniger notwendiger Bestandteil der Erscheinungen anzusehen sind, aber wegen inhaltlicher Gegebenheiten (Funktionen) erheblich variieren können, so daß sie sich zwar einer einheitlichen Analyse entziehen, jedoch nicht vernachlässigt werden dürfen. Die Schritte zu ihrer methodischen Umsetzung werden im folgenden als *Operationalisierung* bezeichnet. Ähnlich verwendet auch KILCHEMANN (1976) diesen Begriff. Erst die Operationalisierung gewährleistet den Praxisbezug und damit die Überprüfung der formalisierten, allgemeinen Wesenszüge der Theorie.

4.1. Formalisierung des Hierarchiebegriffes

Praxisorientierte, zielgerichtete Strukturanalysen erfordern die Verarbeitung größerer Objekt- bzw. Datenmengen mittels EDV. Bei der dafür notwendigen mathematischen Formalisierung zur Eliminierung der rechentechnisch nicht verarbeitbaren Mehrdeutigkeiten und Ungenauigkeiten der Umgangssprache muß vor allem versucht werden, den inhaltlichen Hintergrund der Hierarchie mit den formalisierten Eigenschaften einer spezifischen Strukturform in Einklang zu bringen.

4.1.1. Praxisorientierter Strukturbegriff

In Anlehnung an STOSCHEK (1981, S. 74) wird folgender Strukturbegriff zugrunde gelegt:

S = (E,B,f) sei eine Struktur:
= Def.

(1) E ist eine endliche Menge $\{e_i/i=1,\ldots,n\}$,
mit – card (E) = n (Anzahl der Elemente)
– dim (E) = $m \geq 1$ (Anzahl der Merkmale);

(2) B ist die Trägermenge
eines kommutativen Semiringes $V=(B,\lambda,\mu,+,\cdot)$
mit den neutralen Elementen
λ als Null-Element bzgl. der Addition und
μ als Eins-Element bzgl. der Multiplikation;
Anm.:
B = {0,1} – relationale Struktur
$B \subseteq$ eines Zahlbereiches – funktionale Struktur
$B \subseteq E$ – algebraische Struktur

(3) f ist eine eindeutige Abbildung von E×E in B.

(1) Die Menge E der Elemente enthält eine dem Untersuchungsobjekt entsprechende, problemorientierte Auswahl von m Eigenschaften (= 1stellige Prädikate) zur Beschreibung der n Elemente. Die Elementmenge umfaßt somit n Merkmalsvektoren e_i (i=1,...,n) der Länge m.

(2) Die Trägermenge B widerspiegelt die Form der Bewertung von Relationen (= 2stellige Prädikate) und liefert bereits eine erste Differenzierung betrachteter Strukturen.

a) B = {0,1} entspricht einer relationalen Struktur;
d. h., zwei Elemente x, y stehen in Relation (xRy) zueinander oder nicht ($x\bar{R}y$);
z. B. die Darstellung der Existenz von bestimmten Verbindungen (Straßen, Schienen, Luft, Wasser) zwischen zwei Punkten (Siedlungen).

b) B als Teilmenge des Zahlbereiches der natürlichen (N), ganzen (Z), rationalen (Q), reellen (R) oder komplexen (C) Zahlen, entspricht einer funktionalen Struktur;
d. h., die Beziehungen zwischen zwei Elementen werden mit Hilfe einer Zahl bewertet, gewichtet oder gemessen, die
z. B. unterschiedlichste inhaltliche Gesichtspunkte wie Abstände, Ähnlichkeiten, Intensitäten, Gewichte usw. widerspiegeln können.

c) Ist B selbst eine Teilmenge der Elementmenge E, so ist eine algebraische Struktur gegeben,
d. h., die Beziehung zwischen zwei Elementen wird durch die Zuordnung eines dritten Elements charakterisiert, wobei die Zuordnung wiederum unterschiedliche inhaltliche Bedeutungen widerspiegeln kann,

z. B. die gemeinsame Zuordnung zweier Siedlungen zu einem Ort, der sie mit zentralen Funktionen bedient.

d) Als Verallgemeinerung des letzteren Falles wäre auch denkbar, daß B eine Teilmenge der Potenzmenge P(E) der Elementmenge ist (algebraische Struktur höherer Ordnung),
d. h., die Beziehung zwischen zwei Elementen wird durch die Zuordnung einer Menge von Elementen charakterisiert,
z. B. die Stationen eines Weges zwischen den in Beziehung stehenden Elementen.

(3) Die Abbildung f, welche die Beziehungen zwischen zwei Elementen konkret bewertet oder charakterisiert, kann als Meßvorschrift, Erfassungsalgorithmus oder Skalierung gegeben sein. Sie verkörpert wesentlich die inhaltlich-methodischen Probleme der Quantifizierung, z. B. die Stellvertreterproblematik, qualitative oder quantitative Bewertungen der Beziehungen, die Schwellwert- oder Transformationsproblematik.

(4) Die Strukturmatrix F, deren Elementmenge zwar zur Abgrenzung der problemgebundenen Struktur notwendig ist, deren Inhalt (ihr Wesen) jedoch durch die Zuordnungsvorschrift und den damit verbundenen Wertebereich der Abbildung f bestimmt wird. Die Struktur S = (E,B,f) läßt sich somit eindeutig beschreiben durch die quadratische Strukturmatrix F mit:

$$F = (f_{ij}) \qquad i,j = 1,\ldots,n \text{ und } f_{ij} \in B;$$
$$f_{ij} = f(e_i,e_j) \qquad e_i,e_j \in E.$$

Die Darstellung der Struktur S als Strukturmatrix F dient vor allem einer rechentechnisch orientierten Strukturanalyse. Der mathematische Apparat dafür (vgl. STOSCHEK, 1981) besteht aus

a) einem erweiterten Matrizenkalkül für quadratische Matrizen über
b) einen kommutativen Semiring $V = (B,\lambda,\mu,+,\cdot)$ mit genau einem Null-Element (λ) bei der Addition (+) und einem Eins-Element (μ) bei der Multiplikation ($\cdot$) als neutrale Elemente und
c) weiteren „algorithmisch orientierten" Matrizenoperationen, die u. a. die Herleitung der Matrizenpotenz oder von Matrizenpotenzreihen erleichtern. (Addition und Multiplikation sind kommutativ sowie assoziativ, und die Multiplikation ist bezüglich der Addition distributiv. Der Semiring ermöglicht die rechentechnische Verarbeitung der Hierarchieanalyse.)

Mit $V = (R^+,\infty,\emptyset,\mathrm{Min},+)$ als kommutativem Semiring, wobei die positiven reellen Zahlen als Trägermenge B, die Minimabildung als Addition und die herkömmliche Addition als Multiplikation des Semiringes fungieren, ist ein Matrizenkalkül definiert, für das die Entfernungsmatrizen (Straßen- oder Eisenbahn-Kilometer) als Modell verwendet werden können. Die „algorithmisch orientierten" Matrizenoperationen dienen dann zur Berechnung der Matrix der kürzesten Wege.

(5) Der Strukturgraph als gerichteter Graph entspricht dem Relationskonzept und umgekehrt, d. h., jede Relation läßt sich als gerichteter Graph darstellen und jeder gerichtete Graph ohne Mehrfachkanten definiert auf der Elementmenge E eine Relation (vgl. MÜHLBACHER, 1975). Unter Verwendung der Strukturmatrix als Adjazensmatrix läßt sich die Struktur S = (E,B,f) wie folgt durch das geometrische Bild eines bewerteten, gerichteten Graphen (vgl. STOSCHEK, 1981) veranschaulichen.

Sei $e_i \in E$ die Knotenbewertung und
$f_{ij} \in B$ die Kantenbewertung,

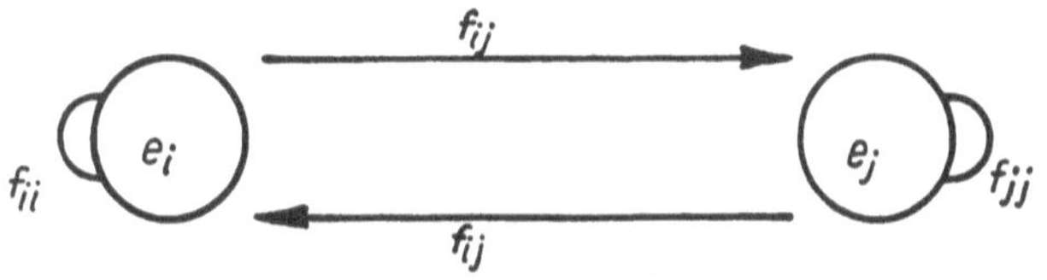

so läßt sich nach weiteren Vereinbarungen, wie:

a) eine mit dem Nullelement (λ) bewertete Kante wird nicht gezeichnet,
b) bei B = {0,1} wird die Kantenbewertung nicht angeschrieben,
c) symmetrisch bewertete gerichtete Graphen werden als bewertete ungerichtete Graphen betrachtet,

eine graphentheoretische Darstellung der Struktur (Strukturgraph) ableiten.

Hier dient das geometrische Bild des Strukturgraphen lediglich zur Veranschaulichung der Struktur. Vor einer Ableitung von Gesetzmäßigkeiten und allgemeinen Eigenschaften allein aus dem Bild muß gewarnt werden.

Resümierend folgt aus der Strukturdefinition, ihrer Beschreibung durch Strukturmatrizen und der Darstellung als Strukturgraph der Zugang zum theoretischen Fundament und zur Methodik verschiedener mathematischer Disziplinen.

1. Bereits mit Hilfe der *Mengenlehre* können präzisierende Folgedefinitionen, Problemformulierungen, Beweise einfacher Sätze, also mehr Klarheit im Gesamtproblem, gewonnen werden (vgl. WINTGEN, 1968).
2. Die Aufstellung der Strukturmatrix erfordert die Methoden der *Matrizenalgebra.* Beispiele für die Nutzung von Determinanten, für Eigenvektoren und -werte, die kanonische Form, Matrizenpotenz, inverse und transponierte Matrix sind u. a. in betrieblichen, regionalen und volkswirtschaftlichen Verflechtungen (vgl. NEMTSCHINOW, 1963, 1966, 1967) oder bei der Erfassung indirekter Ströme (NYSTUEN/DECAY, 1961) zu finden.
3. Die graphentheoretische Betrachtung der Strukturmatrix als Adjazensmatrix eröffnet das Theoriengebäude, die Begriffswelt und den Methodenapparat der *Graphentheorie* für eine zielgerichtete Strukturanalyse. Die Verfahren der Graphentheorie gehören „zu den fruchtbarsten neueren analytischen Methoden, die in der Geographie und Regionalforschung an Bedeutung gewinnen" (FISCHER, 1978, S. 11).

4.1.2. Allgemeine Definition der Hierarchie

Die geographische Literatur (vgl. 3.3.) läßt zwar Rückschlüsse auf das Wesen einer Hierarchie zu, gibt aber kaum Impulse für eine Formalisierung. Eine „Rangordnung der Städte, d. h. ihre Hierarchie" (SCHWARZ, 1966), würde nur zu einer Durchnumerierung der Städte und damit auf eine lineare Struktur führen. Eigentlich ist die Rangordnung von Städtegruppen gemeint. Eine Rangordnung der Gruppen von Elementen wäre aber auch eine Ost-West-Anordnung von Zonen als Merkmal der geosphärischen Ordnung im Sinne von NEEF (1967). Der geographische Grundbegriff der Zonalität beinhaltet jedoch nicht notwendigerweise eine Hierarchie. Ähnliches trifft auch für das Schichtkonzept zu (vgl. NEUMEISTER, 1979). Andererseits geht ein lediglich als Rangordnung, Stufung oder Kategorisierung dargestellter Charakter von Hierarchien nicht über die Bestimmung von Hierarchiestufen als geordnete Typisierung hinaus. Somit wird vor allem die Bäumchenstruktur der Hierarchie vernachlässigt. Umgekehrt kann eine alleinige Betrachtung des bäumchenartigen Beziehungsgeflechtes ohne Berücksichtigung einer Stufung Hierarchien nicht aufdecken.

Die Vereinigung des bäumchenartigen Beziehungsgeflechtes mit der Anordnung qualitativ unterscheidbarer Elementmengen stellt somit den wesentlichsten Bestandteil des Hierarchiekonzeptes dar.

Der Charakter der Formalisierung des Hierarchiekonzeptes muß der problem- oder fachspezifischen Operationalisierung, einschließlich Rechnerprogramm, adäquat sein und einer umfassenden, zielgerichteten hierarchischen Strukturanalyse als integrierendes Fundament dienen. Die Definition soll also so konkret sein, daß die bei der Operationalisierung vorzunehmende Spezifizierung das Hierarchiekonzept stützt. Sie soll aber auch so allgemein sein, daß andere Operationalisierungsvarianten den Rahmen der Definition nicht sprengen.

Ziel der Formalisierung (vgl. Abb. 2) ist eine adäquate Beschreibung der inhaltlichen Hierarchieaspekte (HIER. ASP. 1, 2, 3; gemäß 3.4.) durch die formalen Struktureigenschaften (STRUK. ASP. gemäß 2.3.) im Sinne des definierten Strukturbegriffes (vgl. 4.1.1.). Der Inhalt der formalisierten Hierarchiedefinition muß den Zusammenhang bzw. die Verbindung von den hierarchischen Beziehungen (Bäumchenstruktur) über die hierarchische Ordnung (lineare Struktur) hin zu den hierarchischen Kategorien (Gruppenstruktur) herstellen.

Neben diesen das „Hierarchische" charakterisierenden allgemeinen Wesensmerkmalen wird eine real existierende Hierarchie vom inhaltlichen Hintergrund, den Möglichkeiten der quantitativen Erfassung und weiteren Faktoren bestimmt.

Die im Organisationsprinzip inhaltlich ausgedrückte Unter- bzw. Überordnungsstruktur sowie deren relationaler, funktionaler oder algebraischer Charakter bilden die Grundlage für eine Konkretisierung der Strukturdefinition, einschließlich des die mathematischen Verarbeitungsmöglichkeiten charakterisierenden Semiringes. Zur mathematischen Beschreibung der Hierarchie wird immer wieder auf ähnliche Struktureigenschaften wie die Transitivität zurückgegriffen. Ob diese aber im üblichen Sinne relational oder funktional als Dreiecksungleichung definiert wird, unterscheidet sich von Fall zu Fall. Aus geographischer Sicht existieren derart unterschiedliche Strukturen, daß auch entsprechende Hierarchien denkbar wären, z. B.:

a) funktionale, also stetige Zentralorthierarchien, wie der hierarchische Diffusionsprozeß nach GOULD (vgl. GSCHAIDER, 1981, S. 43);
b) algebraische, auf bestimmten Eigenschaften (der Existenz bestimmter Funktionen, Quell- bzw. Zielaufkommen) der Elemente beruhende Hierarchien;
c) algebraische höherer Ordnung, d. h. Hierarchien von Elementgruppen, die bestimmte Verbindungen (Verkehrswege) charakterisieren.

Die Hierarchiedefinition wird für relationale Strukturen operationalisiert. Funktionale Strukturen werden nur soweit berücksichtigt, wie sie sich auf relationale Strukturen zurückführen lassen. Damit kann das Problem, genauso wie das der algebraischen Strukturen, noch nicht als gelöst angesehen werden. Da deren Lösung aus geographischer Sicht ebenfalls notwendig ist, ergibt sich eine relativ umfassende und deshalb allgemein-strukturtheoretische Hierarchiedefinition (Abb. 13).

Eine Struktur S = (E,B,f) über einen kommutativen Semiring ist eine Hierarchie (hierarchische Strukturform):

1. Die Struktur S beschreibt als „Bäumchenstruktur" die hierarchischen Beziehungen der Unter- bzw. Überordnung in Form ausgewählter struktureller Beziehungen der empirisch erfaßten Erscheinung.

2.1. Es existiert eine eindeutige „linearisierende Abbildung" $l: E \rightarrow E'$ mit dem

2.2. linearen Bild $S_{lin} = (E', B, f_{lin})$ der Struktur S, das als „lineare Anordnung der Elemente" den in der hierarchischen Ordnung zum Ausdruck kommenden genetischen Zusammenhang widerspiegelt.

3.1. Es existiert eine eindeutige „kategorisierende Abbildung" $k: E' \rightarrow \mathfrak{Z}(E')$ mit dem

3.2. kategorisierten Bild $S_{kat}(\mathfrak{Z}(E'), \{0,1\}, f_{kat})$ des linearen Bildes S_{lin}, das als eine „Zerlegung der Elementmenge", in Form von Äquivalenz- oder Ähnlichkeitsstrukturen, die in den hierarchischen Kategorien zum Ausdruck kommenden Qualitäten der Genese widerspiegelt.

Mit der Bäumchenstruktur, der linearen Anordnung, der Zerlegung und linearisierenden bzw. kategorisierenden Abbildungen sind die zentralen Begriffe zwar abgesteckt, aber noch nicht explizit definiert. Eine Definition muß in erster Linie zweckmäßig sein. Vorschnelle Festlegungen auf diesem Niveau könnten die inhaltlichen und methodischen Präzisierungsmöglichkeiten einengen. Präzisierungen bleiben der weiteren Operationalisierung vorbehalten.

Eine Struktur $S = (E,B,f)$ mit $V = (B, \lambda, \mu, +, \cdot)$ ist eine HIERARCHIE: = Def.

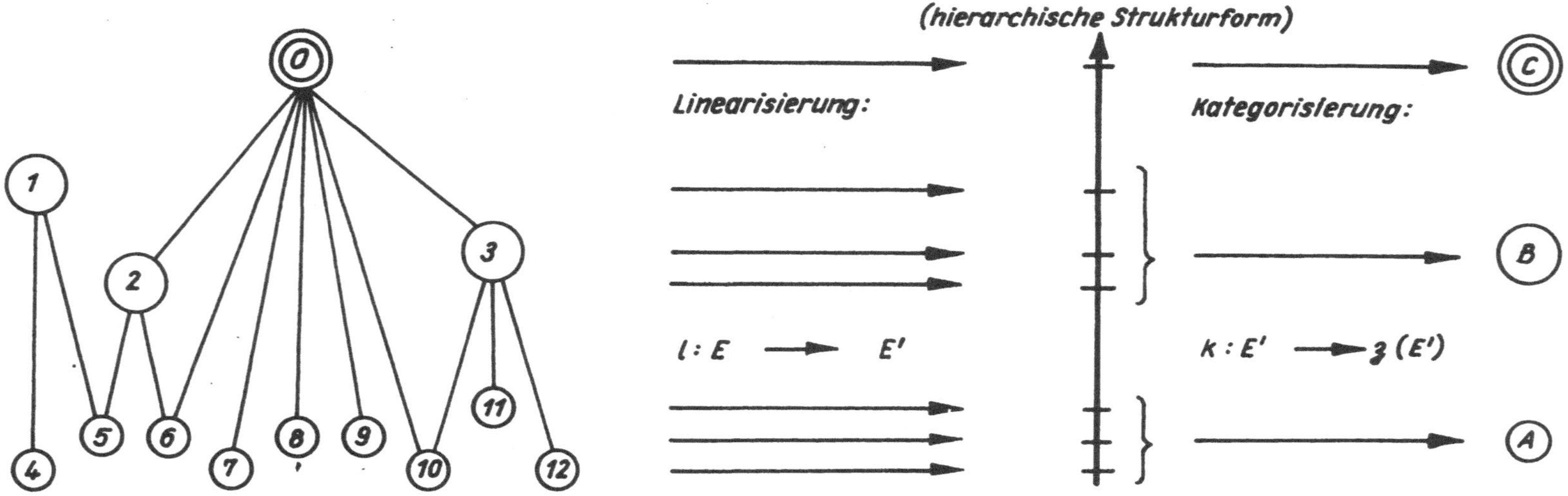

$S = (E,B,f)$
beschreibt die
HIERARCHISCHEN BEZIEHUNGEN
als paarweise,
direkt oder indirekt bestimmte
empirische Struktur der
Subordination
durch Strukturgraphen bzw. -matrizen

Das lineare Bild
$S_{lin} = (E', B, f_{lin})$
beschreibt die
HIERARCHISCHE ORDNUNG
als Ausdruck des in der
empirischen Struktur enthaltenen
genetischen Zusammenhangs
-durch die lineare Anordnung
der Elemente

Das kategorisierte Bild
$S_{kat} = (\mathfrak{Z}(E'), \{0,1\}, f_{kat})$
beschreibt die
HIERARCHISCHEN KATEGORIEN
als Ausdruck der in der
emprischen Struktur enthaltenen
Qualitätsstufen der Genese
durch eine Zerlegung der
Elementmenge

Abb. 13. Hierarchiedefinition

Methodisch bedingte Präzisierungen gestalten sich bei der Nutzung des graphentheoretischen Methodenspektrums anders als bei Operationen im Matrizenkalkül, auch wenn sich die Konzepte oft nur bis auf Isomorphie voneinander unterscheiden.

a) Unter Berücksichtigung der Gerichtetheit von Unter- bzw. Überordnungen kann die Bäumchenstruktur graphentheoretisch als gerichteter Baum (Arboreszenz) (MÜHLBACHER, 1975, S. 60 ff.), oder die lineare Anordnung als Kette (LAUE, 1970) definiert werden. Sowohl die Knoten- wie die Kantenmenge können im Laufe der Linearisierung oder Kategorisierung Veränderungen unterliegen.

b) Bei Operationen im Matrizenkalkül können die entsprechenden Definitionen der Struktureigenschaften zur Charakterisierung der spezifischen Strukturen genutzt werden (STOSCHEK, 1981, S. 76/77).

Die *inhaltlich bedingten Präzisierungen* sind wesentlich vielschichtiger und nur im Zusammenhang mit den inhaltlichen Wesensmerkmalen (vgl. 3.4.) zu sehen.

a) Die Definition der „Bäumchenstruktur" zur Beschreibung des Organisationsprinzips hängt von der Geschlossenheit der vorhandenen Unter- bzw. Überordnungen ab. Im graphentheoretischen Sinne läßt sich u. a. der *Baum* oder, bei Mehrgipfligkeit, der *Wald* zur Definition heranziehen.

b) Bei der „Linearisierung" besteht das Hauptziel darin, die in der Bäumchenstruktur nicht für alle Elementpaare entscheidbare Unter- bzw. Überordnung zu ermöglichen. Die Konstruktion der linearisierenden Abbildung, einschließlich der erzeugten Anordnung der Elemente, hängt dabei wesentlich von der Trägermenge B ab. Sie kann bei relationaler Struktur z. B. durch eine Ordinalskala oder bei funktionaler Struktur mittels einer Ordnungsrelation über die metrische Skala realisiert werden. Dabei wird sich im allgemeinen die Elementmenge E zur Elementmenge E' verringern, denn falls
$f_{lin}(e_i,e_j) = f_{lin}(e_j,e_i) = \lambda$ (Null-Element), $i \neq j$
kann beim linearen Bild S_{lin} nicht mehr zwischen $l(e_i)$ und $l(e_j)$ unterschieden werden.

c) Das Hauptziel der „Kategorisierung" ist, die Qualitäten bei der Genese der Hierarchie mittels eines Ähnlichkeitskonzeptes in Form von Elementgruppen zu bestimmen. Die Konstruktion der kategorisierenden Abbildung, einschließlich der Zerlegung der Elementmenge, wird ebenfalls inhaltlich erheblich vom Charakter als relationale, funktionale etc. Struktur geprägt. Ist eine relationale, diskrete Hierarchie gegeben, wird eine Äquivalenzrelation und die entsprechende disjunkte Zerlegung zur Beschreibung des kategorisierten Bildes ausreichen. Sofern aber bei funktionalen, stetigen Hierarchien Schwellenwerte, Überlappungsbereiche usw. erforderlich sind, helfen relativierende Ähnlichkeitsstrukturkonzepte.

Bei den aus der Definition folgenden Verfahren zum Nachweis von Hierarchien darf jedoch nie die Ordnung des Organisationsprinzips verlorengehen, wie sie durch die Unter- bzw. Überordnungen gegeben ist. Die Unverletzlichkeit bzw. Beibehaltung des hierarchischen Ordnungsprinzips zwischen der „Bäumchenstruktur" (Urbild) und den Hierarchiestufen (linearisiertes und kategorisiertes Bild) wird für die Elemente durch die eindeutigen Abbildungen l und k garantiert. Da sich in diesem Analyseprozeß auch sukzessive Veränderungen im Semiring ergeben können, muß von Fall zu Fall entschieden werden, ob die Einführung eines Homomorphismus[1] notwendig ist. Unter Berücksichtigung der Linearisierung und Kategorisierung garantiert dieser die sinngemäße Verarbeitung der Strukturmatrizen F, F_{lin} und F_{kat}.

4.2. Problemgebundene Operationalisierung der Analyse von Hierarchien

Für die praktische Nutzung des theoretischen Fundaments gilt es, ausgehend vom konkret zu beobachtenden, inhaltlich-funktional bestimmten Ordnungs- bzw. Organisationsprinzip (strukturelle Subordination), die formalisierte Hierarchiedefinition mit konkreten Inhalten zu belegen. Die daraus folgende operationalisierte Hierarchiedefinition ermöglicht dann die Formulierung der spezifischen Aufgabenstellungen.

4.2.1. Operationalisierte Definition der Hierarchie

Die Operationalisierung erfolgt an Hand der Zentralorttheorie als konkrete inhaltliche Erscheinung. Da zentrale Funktionen nicht in jedem Ort angeboten werden können, erfolgt eine Unterordnung jener Orte, die die zentralen Funktionen in Anspruch nehmen. Die Probleme und Zwänge der Raumüberwindung zur Inanspruchnahme der zentralen Funktion müssen dabei in Kauf genommen werden.

In allgemeiner Form lautet dieses spezifische Organisations- und Ordnungsprinzip:

„Der Quellort ist dem Zielort untergeordnet."

Damit ist eine relativ breite Anwendung des Analyseverfahrens garantiert.

Schrittweise sind nun weitere Präzisierungen, Annahmen und Definitionen einzuführen.

So werden die *betrachteten empirischen Strukturen* S = (E,B,f) wie folgt eingeschränkt:

a) Die Menge E umfaßt alle Elemente e_i (i=1, . . ., n), die als Quell- und/ oder Zielort der betrachteten Struktur auftreten.

1 g ist ein Homomorphismus von V auf V':
(i) $g(\lambda) = \lambda'$; $g(\mu) = \mu'$;
(ii) $(\forall x)\ (\forall y)\ (g(x) \dot{+}' g(y)) = g(x \dot{+} y)$
$x, y \in B$.

b) Die Trägermenge B soll auf die positiven Zahlenbereiche beschränkt werden, d. h., es werden nur relationale oder funktionale Strukturen berücksichtigt. Da die Vergleichbarkeit von in Beziehungen stehenden Elementen ausreicht, genügen positive Werte für den hierarchischen Grundgedanken der Unter- und Überordnung, was erforderlichenfalls durch „Verschiebung" erreicht werden kann.

c) Die eindeutige Abbildung f (von E X E in B) stellt eine Bewertungsfunktion des Quell-Ziel-Verhaltens dar und kann u. a. realisiert werden durch
   - Bewertung der Existenz an Hand von Befragungen,
   - Messung von Intensitäten (Pendlerzahlen),
   - Wichtung von Beziehungen.

Die Analyse des spezifischen Organisationsprinzips der Unter- bzw. Überordnung zur Ermittlung der Hierarchie erfolgt an Hand des relativen Charakters der Elemente als Ziel- bzw. Quellort. Es gilt, die dem ständig wechselnden Quell-Ziel-Charakter der Elemente entsprechende sukzessive Anordnung zu analysieren und die einzelnen Strukturreihen (vgl. 3.1.) zu bestimmen. Die Ordnung innerhalb der Strukturreihen wird vermittels der jeweiligen Anzahl von Vorgängern bzw. Nachfolgern charakterisiert. Dazu wird eine Abbildung a eingeführt, die jedes Element e entsprechend seiner Stellung innerhalb der Strukturreihe auf einen Zahlenstrahl der natürlichen Zahlen N (Ordinalskala) abbildet.

- a = E → N (eindeutige Abbildung von E in N),
- a(e) = hs (= Anzahl der Vorgänger bzw. Nachfolger),
- $a(e)_{max}$ = HS ist die maximale Anzahl der in einer Strukturreihe anzuordnenden Elemente.

Auf der Basis dieser speziellen Strukturen und der Funktion a sowie in Anlehnung an die mathematischen Struktureigenschaften (vgl. 2.3.) ergeben sich folgende Präzisierungsmöglichkeiten der einzelnen Bestandteile der formalisierten Hierarchiedefinition (vgl. S. 55/56):

1. Die „Bäumchenstruktur" S = (E,B,f) mit
   E, der Menge der Quellen und Ziele,
   B, der Teilmenge eines Zahlbereiches und
   $f(e_i,e_j)$, zur Bewertung des Quell-Ziel-Verhaltens,
   läßt sich zur Beschreibung der hierarchischen Beziehungen (HIER. ASP: 1), entsprechend dem inhaltlichen Hintergrund der Reflexivität, als eine reflexive Halbordnungsstruktur vermittels

   STRUK. ASP: 2.2.11 – Reflexivität,
   STRUK. ASP: 2.2.24 – Antisymmetrie und
   STRUK. ASP: 2.2.31 – Transitivität

   bzw. als irreflexive Halbordnungsstruktur vermittels

STRUK. ASP: 2.2.13 – Irreflexivität und
STRUK. ASP: 2.2.31 – Transitivität

präzisieren.

2. Das zu konstruierende „lineare Bild" $S_{lin} = (E, B_Z, f_{lin})$ mit
   E, der Menge der Quellen und Ziele,
   B_Z = [–HS,HS], der Teilmenge der ganzen Zahlen Z und
   $f_{lin}(e_i, e_j) = a(e_i) - a(e_j)$,
   zur Charakterisierung der unterschiedlichen Stellung (Anzahl der Vorgänger bzw. Nachfolger) innerhalb der Strukturreihen zueinander,

   läßt sich zur Beschreibung der hierarchischen Ordnung (HIER. ASP: 2) analog als eine reflexive Ordnungsstruktur vermittels

   STRUK. ASP: 2.2.11 – Reflexivität,
   STRUK. ASP: 2.2.24 – Antisymmetrie,
   STRUK. ASP: 2.2.31 – Transitivität und
   STRUK. ASP: 2.2.42 – Linearität;

   bzw. als irreflexive Ordnungsstruktur vermittels

   STRUK. ASP: 2.2.13 – Irreflexivität,
   STRUK. ASP: 2.2.31 – Transitivität und
   STRUK. ASP: 2.2.41 – Konnexität

   charakterisieren.

3. Das zu konstruierende „kategorisierte Bild" $S_{kat} = (E, \{1,0\}, f_{kat})$ mit
   E, der Menge der Quellen und Ziele,
   {1,0}, zur Charakterisierung, ob zwei Elemente zur gleichen Kategorie gehören oder nicht und
   $$f_{kat}(e_i, e_j) = \begin{cases} 1 & \text{für } a(e_i) = a(e_j) \\ 0 & \text{für } a(e_i) \neq a(e_j) \end{cases},$$
   läßt sich zur Beschreibung der hierarchischen Kategorien (HIER. ASP: 3) als disjunkte Zerlegung der Menge E nach dem Hauptsatz für Äquivalenzrelationen als eine Äquivalenzstruktur vermittels

   STRUK. ASP: 2.2.11 – Reflexivität,
   STRUK. ASP: 2.2.21 – Symmetrie und
   STRUK. ASP: 2.2.31 – Transitivität

   mengentheoretisch beschreiben.
   Vor allem zum Nachweis der abgeleiteten Strukturen muß die Existenz der linearisierenden bzw. kategorisierenden Abbildung aufgezeigt werden, was am besten durch eine Konstruktionsvorschrift geschieht.

4. Eine „Linearisierung" läßt sich durch die lineare Anordnung aller Elemente von E nach ihrer Stellung innerhalb der Strukturreihen erreichen, d. h. durch die Abbildung auf einen Zahlenstrahl der natürlichen Zahlen in Form einer Ordinalskala.

$l \quad = E \rightarrow N$ als eindeutige Abbildung von E in N,
$l(e) = hs \Longleftrightarrow a(e) = hs$ für alle $e \epsilon E$.

Diese Abbildung läßt sich wie folgt charakterisieren:

a) Sie abstrahiert von der konkreten Quell-Ziel-Struktur und
b) konzentriert sich nur auf die Stellung der Elemente innerhalb der Strukturreihen.
c) Diese Stellung wird mit Hilfe einer Ordinalskala beschrieben.
d) Durch diese Abbildung sind alle Elemente von E untereinander vergleichbar.
e) Elemente mit gleicher Anzahl an Vorgängen bzw. Nachfolgern werden nicht mehr unterschieden.

5. Eine „Kategorisierung" läßt sich durch eine Zusammenfassung jeweils derjenigen Elemente erreichen, die nach der Linearisierung nicht mehr unterschieden werden, d. h. die gleiche Anzahl an Vorgängern bzw. Nachfolgern haben:

$k \quad = N \rightarrow \ (E)$ als eindeutige Abbildung aus N auf $\ (E)$,
$k(hs) = E_{hs} = \{e_i/a(e_i) = hs\}$ mit $hs \epsilon [0, HS]$,
$\ (E) = \{E_{hs}/hs = 0, \ldots, HS\}$.

Diese Abbildung läßt sich wie folgt charakterisieren:

a) Sie abstrahiert von der konkreten Quell-Ziel-Struktur und dem Umfang der unterschiedlichen Stellungen zweier Elemente innerhalb der Strukturreihen und
b) konzentriert sich auf die Elemente mit der gleichen Anzahl von Vorgängern bzw. Nachfolgern, also jene, die jeweils die gleiche Stellung innerhalb der Strukturreihen einnehmen.
c) Diese Gleichheit (Äquivalenz) der entsprechenden Elemente wird durch eine Teilmenge beschrieben.
d) Die Teilmengen sind die gesuchten Kategorien, die auch zu Typen verallgemeinert werden können.

Die Definition der linearisierenden und der kategorisierenden Abbildungen mit Hilfe der Vorgänger- bzw. Nachfolgerfunktion $a(e)=hs$, ermöglicht die Verknüpfung beider Abbildungen zu *einer* hierarchisierenden Abbildung. Das Problem und damit auch der Lösungsalgorithmus lassen sich dadurch wesentlich vereinfachen.

6. Eine „Hierarchisierung" als Verknüpfung der „Linearisierung" und der „Kategorisierung" läßt sich durch die Verkettung der beiden Abbildungen l und k folgendermaßen erreichen:

$h\ (e) = l \circ k = k(l(e))$,
$h \quad = E \rightarrow \ (E)$ als eindeutige Abbildung von E auf $\ (E)$,
$h(e) \ = E_{hs} \Longleftrightarrow a(e) = hs$ für alle $e \epsilon E$ mit
$E_{hs} \ = \{e/a(e) = hs\}$ mit $hs \epsilon [0,HS]$.

Diese hierarchisierende Abbildung h läßt sich wie folgt charakterisieren:

a) Sie beschreibt die hierarchische Ordnung mit Hilfe der natürlichen Zahlen hs aus dem Intervall [0,HS] durch die Stellung der Elemente innerhalb der Strukturreihen an Hand der Anzahl an Vorgängern bzw. Nachfolgern in Form einer Ordinalskala.
b) Sie beschreibt ferner die hierarchischen Kategorien mit Hilfe der Zerlegung (E) von E durch die Elemente mit jeweils gleicher Anzahl an Vorgängern bzw. Nachfolgern.

7. Das derart definierte linearisierte und kategorisierte Bild der Hierarchiestufen $S_{hier} = ((E), B_Z, f_{hier})$ mit
   $(E) = \{E_{hs}/hs = 1, \ldots, HS\}$, mit $E_{hs} = \{e/a(e) = hs\}$ und $hs \epsilon [0,HS]$,
   $B_Z = [-HS,HS]$ als Intervall der ganzen Zahlen Z,
   $f_{hier}(E_i,E_j) = i - j$,
   widerspiegelt eine Ordnungsstruktur, deren Elemente als eine Zerlegung der Menge E (Äquivalenzklassen) einer bestimmten Äquivalenzstruktur unterliegen.
   Die Hierarchiestufen stellen ersichtlich eine geordnete Gruppierung dar, die bei entsprechender Verallgemeinerung als geordnete Typisierung aufzufassen ist.

Daß im Bild der Hierarchiestufen mit der Abbildung f_{hier} das Ordnungsprinzip f der zu untersuchenden Struktur nicht verletzt wird, läßt sich mit Hilfe der Vorgänger- bzw. Nachfolgerfunktion a(e) = hs zeigen. Dabei ist zu berücksichtigen, daß die in der empirischen Struktur S nicht beschriebenen Unterordnungen mit Hilfe der Funktion a bestimmt werden.

$$f(e_i,e_j) = 0 \Rightarrow \begin{cases} e_i \text{ ist } e_j \text{ untergeordnet, falls } a(e_i) < a(e_j), \\ e_i \text{ ist } e_j \text{ gleichgeordnet, falls } a(e_i) = a(e_j), \\ e_i \text{ ist } e_j \text{ übergeordnet, falls } a(e_i) > a(e_j). \end{cases}$$

Damit läßt sich für das konkrete Problem, einschließlich der theoretischen Voraussetzung (Hypothese) über das Quell-Ziel-Verhalten, folgende operationalisierte Definition der Hierarchie geben:

Eine reflexive/irreflexive Halbordnungsstruktur S=(E,B,f) über einen kommutativen Semiring V, ist eine reflexive/irreflexive hierarchische Strukturform (Hierarchie), wenn eine hierarchisierende, d. h. linearisierende und kategorisierende, eindeutige Abbildung h existiert, z. B.

$h = E \rightarrow (E)$ mit

$h(e) = E_{hs} \Longleftrightarrow a(e) = hs$ für alle $e \epsilon E$, mit

$E_{hs} = \{e/a(e) = hs\}$ und $hs \epsilon [0,HS]$,

so daß ein linearisiertes und kategorisiertes Bild der Hierarchiestufen $S_{hier} = ((E), B', f_{hier})$ über einen kommutativen Semiring V entsteht mit

(1) $(E) = \{E_{hs}/hs = 0, \ldots, HS \epsilon \mathbb{N}\}$,

(2) B' = Trägermenge zur Bewertung der hierarchischen Ordnung, z. B. das Intervall der ganzen Zahlen [—HS,HS],

(3) f_{hier} = Bewertungsfunktion der hierarchischen Ordnung, z. B.
$f_{hier}(E_i,E_j) = i - j$, wofür gelten muß:
$f(e_i,e_j) = x \Longleftrightarrow f_{hier}(h(e_i),h(e_j)) = x'$ mit $x \epsilon B$ und $x' \epsilon B'$.

Diese operationalisierte Hierarchiedefinition basiert also auf einer Analyse von 0/1 bewerteten Strukturreihen (relationale Strukturen). Sie ist der Ausgangspunkt für die Entwicklung eines Lösungsalgorithmus auf der Grundlage der beispielhaft erläuterten Konstruktion der hierarchisierenden Funktion h.

4.2.2. Aufgaben der Analyse einer fachspezifisch operationalisierten Hierarchie

Ausgehend von der empirischen Strukturmatrix F und der unter einem fachspezifischen, theoretischen Konzept operationalisierten Hierarchie, müssen für den Nachweis einer dem theoretischen Ordnungsprinzip folgenden hierarchischen Struktur drei Aufgaben einer methodischen (im engeren Sinne mathematischen) Lösung zugeführt werden, nämlich:

(A1) Nachweis der irreflexiven bzw. reflexiven Halbordnungsstruktur an Hand der Strukturmatrix, d. h.
Nachweis der Reflexivität, Transitivität und Antisymmetrie einer reflexiven Struktur bzw. Nachweis der Irreflexivität und Transitivität und der daraus folgenden Asymmetrie einer irreflexiven Struktur.

(A2) Zerlegung der Objektmenge E in disjunkte Teilmengen, d. h.
eine disjunkte Gruppierung der Objekte in Gruppen, die den qualitativen Wandel der Beziehungen zum Ausdruck bringen (Typisierung).

(A3) Übertragung bzw. Gewährleistung einer dem Organisationsprinzip der Halbordnungsstruktur entsprechenden Ordnung auf die Zerlegung, d. h.
Konstruktion der hierarchisierenden Abbildung, die – unter Beibehaltung des Ordnungsprinzips – die Verbindung zwischen den einzelnen Objekten und den Objektmengen der Zerlegung herstellt.

Aus diesen Aufgaben ergeben sich zwei methodische Schwerpunkte einer zielgerichteten Strukturanalyse.

1. Ein Schwerpunkt konzentriert sich auf den Nachweis von Struktureigenschaften, im besonderen der Eigenschaften von Halbordnungs-, Ordnungs- und Äquivalenzstrukturen (Abb. 2 und Abschnitt 4.2.1.). Einige Beispiele mögen dies illustrieren.

a) Die Struktur S soll transitiv sein, d. h. inhaltlich, wenn a b und b c untergeordnet ist, so ist a auch c untergeordnet;

formalisiert lautet das

α) für relationale Strukturen (Relation R):
$(\forall a)\ (\forall b)\ (\forall c)\ aRb \wedge bRc \rightarrow aRc\ (=1)$,

β) für funktionale Strukturen (Abbildung f):
$(\forall a)\ (\forall b)\ (\forall c)\quad f(a,b) + f(b,c) \geqslant f(a,c)$ und

γ) in Matrixschreibweise

$$\sum_{k=1}^{\infty} F^k = F.$$

Unter Hinweis auf die Beziehungen zwischen transitiver Hülle und Skelett mittels „Einfügen" oder „Entfernen" der transitiven Überbrückungen (Abb. 4) und vor allem unter Berücksichtigung der Bedeutung des Skeletts (2.3. (3)), sei der Hauptsatz über transitive Strukturen angeführt (STOSCHEK, 1981, S. 83 ff.):

Jeder transitiven Struktur wird durch Reduktion eindeutig ein Skelett zugeordnet; umgekehrt ist aus dem Skelett durch Rekonstruktion wieder die transitive Struktur zu gewinnen, d. h., die Rekonstruktion ist die Umkehrung der Reduktion.

Die Reduktion und die Rekonstruktion lassen sich rechentechnisch als algorithmisch orientierte Matrizenoperationen realisieren und dienen dem Nachweis der Transitivität.

b) Die Struktur S soll antisymmetrisch sein, d. h. inhaltlich, ist a b und b auch a untergeordnet, so ist a = b. Mit anderen Worten, sind a und b voneinander verschieden, dann kann nur einer dem anderen untergeordnet sein; formalisiert ergibt sich:

α) für relationale Strukturen (Relation R):
$(\forall a)\ (\forall b)\quad aRb \wedge bRa \rightarrow a = b,$

β) für funktionale Strukturen (Abbildung f):
$(\forall a)\ (\forall b)\quad f(a,b) = f(b,a) \rightarrow a = b$ und

γ) in Matrixschreibweise
sym(F) = ref(F) wobei sym(F) = symmetrischer Anteil von F,
ref(F) = Hauptdiagonale von F.

Das Beispiel dieser beiden Struktureigenschaften weist auf den Charakter der zu führenden Beweise hin. Konkrete, auch rechentechnisch umsetzbare Algorithmen für den Nachweis spezifischer Struktureigenschaften an Hand von Strukturmatrizen im Matrizenkalkül, finden sich u. a. bei STOSCHEK (1981).

2. Der andere methodische Schwerpunkt liegt in der Bestimmung (Konstruktion) der das hierarchische Beziehungsgeflecht linearisierenden und kategorisierenden Abbildung h. Die von der Abbildung h hergestellten Beziehungen zwischen der Halbordnungsstruktur, als Ausdruck der paarweisen Unter- und Überordnung, und der kategorisierten Ordnungsstruktur (Hierarchiestufen), als Ausdruck des in der Relativität der paarweisen Unter- und Überordnung enthaltenen genetischen Zusammenhangs, dürfen das allgemeine Ordnungsprinzip, die Enthaltenseinsrelation, nicht verletzen.

Hier sind nun nicht mehr bestimmte Eigenschaften nachzuweisen. Vielmehr ist das inhaltliche Problem theoretisch zu ergründen.

4.3. Operationalisierung als Kompromiß zwischen Theorie und Praxis

Wie bereits zur Reinheit (2.4.) und Relativität (3.4.5.) von Strukturen angedeutet, ist das eigentliche Problem der Operationalisierung nicht in den Nachweisverfahren von Struktureigenschaften begründet. Es wird vielmehr durch Verletzungen der Transitivität oder Antisymmetrie verursacht. Dann versagen die auf der Reinheit der Struktur basierenden Algorithmen. Läßt sich die bei der Transitivität auftretende Schwierigkeit durch den Übergang zur transitiven Hülle, unter Vernachlässigung bestimmter Kriterien (vgl. 2.3. (3)), noch verhältnismäßig leicht beheben, so verbergen sich hinter der Verletzung der Antisymmetrie Umkehrungen des Ordnungsprinzips, die dann auch dem theoretischen Konzept widersprechen. Damit ist überdies die Relativierung des hierarchischen Konzepts innerhalb allgemeiner, real existierender Strukturen angesprochen, das es ebenfalls zu berücksichtigen gilt.

Die Umsetzung dieser Probleme ist auch als Aufgabe einer Operationalisierung anzusehen. Dies erfordert eine grundsätzliche, aber inhaltlich variierbare Lösung:

(A4) Die Herausfilterung des hierarchisch geordneten Teils der Struktur als Ganzes, d. h.
die Bestimmung des einem bestimmten theoretischen Konzept folgenden Teils der allgemeinen, empirisch erfaßten Struktur.

(A5) Die Einschätzung, in welchem Umfang die Struktur durch den hierarchischen Teil organisiert wird, d. h.
die Bestimmung der Stellung der allgemeinen, empirisch erfaßten Struktur zwischen reiner Hierarchie – als eindeutige Unter- und Überordnung – und der reinen Symmetrie in Form der Gleichberechtigung aller Strukturelemente.

Zur Lösung dient der Hauptsatz über transitive Strukturen, hier für Halbordnungen spezifiziert (STOSCHEK, 1981, S. 83 ff.):

Jede Halbordnungsstruktur S in E definiert eindeutig eine Halbordnung T von E und umgekehrt.

Dem Skelett der Halbordnungsstruktur entspricht das zugehörige HASSE-Diagramm[1] als Strukturgraph.
Die Halbordnung T von E umfaßt die Menge der kantenfremden Teilordnungsketten im HASSE-Diagramm.

Mittels des theoretischen Konzeptes für konkrete hierarchische Strukturanalysen variierbar, kann die Aufgabe (A4) durch eine zielgerichtete Suche der dem theoretischen Konzept folgenden Teilordnungsketten gelöst werden. Nach dem

1 Das HASSE-Diagramm dient zur Darstellung endlicher halbgeordneter Mengen. Die Elemente werden durch Punkte wiedergegeben. Ist „b oberer Nachbar von a", so wird der b zugeordnete Punkt über dem a zugeordneten Punkt angeordnet (seitliche Verschiebung ist zugelassen) und mit diesem Punkt durch eine Strecke verbunden (nach NAAS/SCHMID, 1974, S. 702).

Hauptsatz ist mit den Teilordnungsketten zugleich der dem theoretischen Konzept folgende, hierarchisch geordnete Anteil der Strukturmatrix gegeben. Dieser liefert im Vergleich mit der gesamten empirischen Strukturmatrix auch die Lösung der Aufgabe (A5).

Die Suche nach den Teilordnungsketten läßt sich in zwei Schritte zerlegen:

1. Schritt Bestimmung der Menge der minimalen bzw. maximalen Elemente von E (E_{min} bzw. E_{max}) für die Halbordnungsstruktur S, d. h. der Anfangs- bzw. Endknoten der Teilordnungsketten des Strukturgraphen T (HASSE-Diagramm). Diese ergeben sich aus den Zeilen bzw. Spalten der Strukturmatrix, die nur Nullelemente enthalten.

2. Schritt Bestimmung der dazwischenliegenden Elemente (Knoten) der Teilordnungsketten.
Dies geschieht mittels Algorithmen zur Vorgänger- und Nachbereichsbetrachtung von Vorgänger- bzw. Nachfolger-Relationen. Bei STOSCHEK (1981, S. 101) findet sich zwar ein rechentechnisch realisierbarer Algorithmus, wonach die Teilordnungsketten aus der Strukturmatrix einer Halbordnung bestimmbar sind. Hier kommt es jedoch darauf an, die einem theoretischen Konzept folgenden Teilordnungsketten einer empirischen Strukturmatrix zu bestimmen, deren matrixmäßige Widerspiegelung nur einen Teil dieser empirischen Strukturmatrix darstellt.

Damit wird der Algorithmus zur Bestimmung der Teilordnungsketten zur zentralen Aufgabe einer zielgerichteten Analyse hierarchischer Strukturen. Er berücksichtigt gemäß dem theoretischen Konzept und der sich daraus ergebenden Definition des unmittelbaren Nachfolgers bzw. Vorgängers die variierenden, besonderen Wesenszüge des hierarchischen Ordnungsprinzips.

Ausgehend von der empirischen Strukturmatrix ergeben sich

a) bei den Null enthaltenden Feldern beginnend, unter sukzessiver Berücksichtigung der unmittelbaren Nachfolger bzw. Vorgänger, die hierarchische Ordnung (Ordnungsstruktur),
b) aus der eindeutigen Stufenzuordnung der Elemente durch die Anzahl der sukzessiven Vorgänger bzw. Nachfolger, die hierarchischen Kategorien und
c) durch die mittels der Teilordnungsketten vorgenommene Auswahl der Beziehungen (Kopplungen) aus der empirischen Strukturmatrix die hierarchischen Beziehungen (Halbordnungsstruktur),

folglich die allgemeinen Wesenszüge einer Hierarchie.

Ein rechentechnisch realisierter Beispielsalgorithmus für die Operationalisierung einer zielgerichteten Strukturanalyse, möge das Gesagte an Hand der Zentralorttheorie illustrieren:

Gegeben: E = die Menge der Siedlungen eines ausgewählten Territoriums,
B = die Menge der natürlichen Zahlen,
f = eine Bewertungsfunktion (Messung) für die Interaktionen zwischen zwei Siedlungen aus E, z. B. Pendlerzahlen oder Punktbewertung der Ortswahl zur Inanspruchnahme zentraler Funktionen,
V = (B,0,1,+,·).

Voraussetzung: *Theoretisches Konzept*
Der Ausgangsort (Quellort) von Interaktionen zur Inanspruchnahme zentraler Funktionen ist dem anbietenden zentralen Ort (Zielort) untergeordnet.

Annahmen: Dieses Konzept stellt eine spezifische Besonderheit dar (vgl. Abschnitt 2.3.). Am Beispiel von NYSTUEN/DECAY (1961) orientiert, entscheidet der Vergleich zwischen den Summen ankommender Interaktionen über die Unter- bzw. Überordnung. Dies ergibt sich aus der zwar nicht exakt zahlenmäßigen, jedoch inhaltlich begründeten Symmetrie der Strukturmatrix.

Lösungsalgorithmus: Der Lösungsalgorithmus, wie er inhaltlich bereits bei MAIK (1977) zu finden ist, läßt sich als primitive Rekursion[1] definieren:

Rekursionsanfang:

(0) $h(e_1, \ldots, e_n, 0) = \{e / f(e_i, e) = 0 \text{ für alle } i=1, \ldots, n)\} = E_o$

Rekursionsschritt:

(1) $h(e_1, \ldots, e_n, k+1) = \{e / \exists\, e_i \in E_k\ (f(e_i, e) \neq 0) \wedge \forall\, e_j \notin \bigcup_{l=0}^{k} E_l\ (f(e_j, e) = 0)\} = E_{k+1}$

1 Definition der primitiven Rekursion (vgl. GELLERT, KÄSTNER, NEUBER, 1977):
(1a) $f(x_1, \ldots, x_n, 0) = g(x_1, \ldots, x_n)$,
(1b) $f(x_1, \ldots, x_n, y+1) = h(x_1, \ldots, x_n, y, f(x_1, \ldots, x_n, y))$.

5. Analyse hierarchischer Strukturformen als Bestandteil der quantitativen geographischen Strukturforschung

Die Orientierung auf eine mathematisch-rechentechnische Umsetzung bzw. die empirisch erfaßte Datenmatrix als notwendige Informationsbasis für Strukturanalysen erlaubt die Beschränkung auf das Gebiet der quantitativen Strukturanalyse.

Hier wird speziell ein einheitliches, in sich schlüssiges Grundgerüst der quantitativen geographischen Analyse zur Diskussion gestellt (vgl. MARGRAF, 1983). Es basiert vor allem auf inhaltlich-methodischen Gemeinsamkeiten, die eine mathematische Bearbeitung zulassen. Bezweckt wird letzten Endes die praktische Anwendung. Damit wird neben den vorauszusetzenden logisch-mathematischen Denkstrukturen, also der Formalisierung des Problems, vor allem die praktisch-rechentechnische Umsetzung, die Operationalisierung des Problems, bedeutsam (vgl. 4.3.).

Die Datenmatrix als Ausdruck der Quantifizierung und Gegenstand rechentechnischer Verarbeitung wird zum Grundbaustein der rechentechnischen Umsetzung von mathematischen Verfahren und Methoden. Das aus Gemeinsamkeiten aufzubauende Grundgerüst folgt mit den Verarbeitungsstufen von Datenmatrizen methodisch einem roten Faden, konzentriert sich also auf das „Wie?". Mit der inhaltlichen Bestimmung der Verarbeitungsschritte wird auch das sachliche „Wofür?" notwendig und unumgänglich berücksichtigt.

5.1. Quantitative Darstellung geographischer Erscheinungen in Raum und Zeit als Datenmatrizen

„Quantitative Forschungsmethoden in der Geographie hat schon HUMBOLDT angewandt. RITTER hat speziell daran gearbeitet, wie sich räumliche Beziehungen zahlenmäßig darstellen lassen, und vorgeschlagen, die Grenzen geographischer Objekte durch mathematische Beziehungen und Zahlenreihen auszudrükken. THÜNEN schuf ... ein mathematisches Modell einander im Raum ablösender Zonen, ..." (SAUSCHKIN, 1978, S. 213). Zur Statistik heißt es, daß „ihre eigentlichen Anfänge im 17. und 18. Jahrhundert in ganz verschiedenen Bereichen festzustellen" sind. „Statistik bedeutete ursprünglich Staatenwissenschaft ... Ihrem Inhalt nach entsprechen diese Vorlesungen etwa dem, was wir heute als Bestandteil der ökonomischen Geographie verstehen" (FISCHER u. a., 1975, S. 13). Damit zeigt sich, daß die Geographie auch in historischer Sicht nicht als die sich *nur* verbaler Beschreibungen bedienende Wissenschaft anzusehen ist. Die im Zuge der wissenschaftlich-technischen Revolution sprunghaft zunehmenden Quantifizierungsversuche auf allen Gebieten geographischer Forschung lassen SCHMIDT (1976, S. 55) schlußfolgern: „Alle geographischen Aussagen sind streng genommen quantifizierbar."

Die Quantifizierung zur Erstellung des Grundbausteins Datenmatrix setzt sich aus verschiedenen Arbeitsphasen zusammen.

1. Die *Vorbereitungsphase* umfaßt die Problem-, Ziel- oder Aufgabenstellung. Damit ist die Auswahl der das Objekt verkörpernden Individuen und Eigenschaften bzw. Relationen verbunden. Letztere dienen der detaillierten Charakterisierung der Individuen bzw. der Beziehungen oder Zusammenhänge sowohl zwischen den Individuen als auch zwischen den Eigenschaften.

Weder der Landschaftsschule, der ökologischen Schule noch der Regionalforschung wird hier der Vorrang gegeben. Vielmehr wird die von SCHMIDT (1976, S. 55) genannte „Grundproblematik bei geographischen Untersuchungen ..." aufgegriffen, „die Gegenüberstellung von rein statischen, die Struktur der räumlichen Erscheinungen betreffenden Analysen und eine dynamische Betrachtungsweise, die die zeitliche Entwicklung und Wechselwirkung zwischen den Systemen, Subsystemen oder Systemelementen in ihre Betrachtung mit einbezieht". Nach HARTSHORNE (1939) liegt das aktuelle Arbeitsfeld der Geographen in der Behandlung räumlicher *und* zeitlicher Unterschiedlichkeit von konkreten, inhaltlichen Phänomenen. Diese Betrachtungsweise führt zur Dreidimensionalität der Daten, wie sie u. a. bei FISCHER u. a. (1975, S. 27) angesprochen wird. In der Geographie äußert sie sich (vgl. MEISE/VOLWAHSEN, 1980, S. 24)

a) als *inhaltlich-sachliche* Dimension durch Eigenschaften, Qualitäten usw.,
b) als *räumlich-individuelle* Dimension durch räumliche Einheiten, Individuen usw. und
c) als *zeitliche* Dimension durch Zeitpunkte oder -etappen usw.

Dabei ist zu konstatieren, daß in der Geographie kaum Verfahren oder Techniken existieren, die eine sich in Raum und Zeit realisierende Erscheinung in ihrer Dreidimensionalität analysieren. Die gängigen Verfahren analysieren jeweils nur zweidimensionale Scheiben des Datenkörpers an Hand der Variabilität zweier ausgezeichneter Dimensionen und unter Konstanz der dritten. Ansätze zur Berücksichtigung der drei Dimensionen sind nur aus faktoranalytischen Versuchen der frühen sechziger Jahre bekannt.
Zur Faktoranalyse ist das CATTELsche Schema (Abb. 14) zur Gegenüberstellung möglicher zweidimensionaler Techniken übernommen worden (vgl. ÜBERLA, 1971, S. 298).

Die Berechnung der Korrelationen zwischen den Eigenschaften mittels deren Ausprägungen in den Individuen – als Beispiel für die R-Technik – ist das in der Geographie allgemein übliche faktoranalytische Verfahren. Die bei gleicher Ausgangsmatrix mögliche Berechnung der Korrelationen zwischen den Individuen an Hand der Ausprägungen ihrer Eigenschaften (Q-Technik), wird ebenfalls benutzt. Zwei inhaltlich verschiedene Anwendungsformen sind

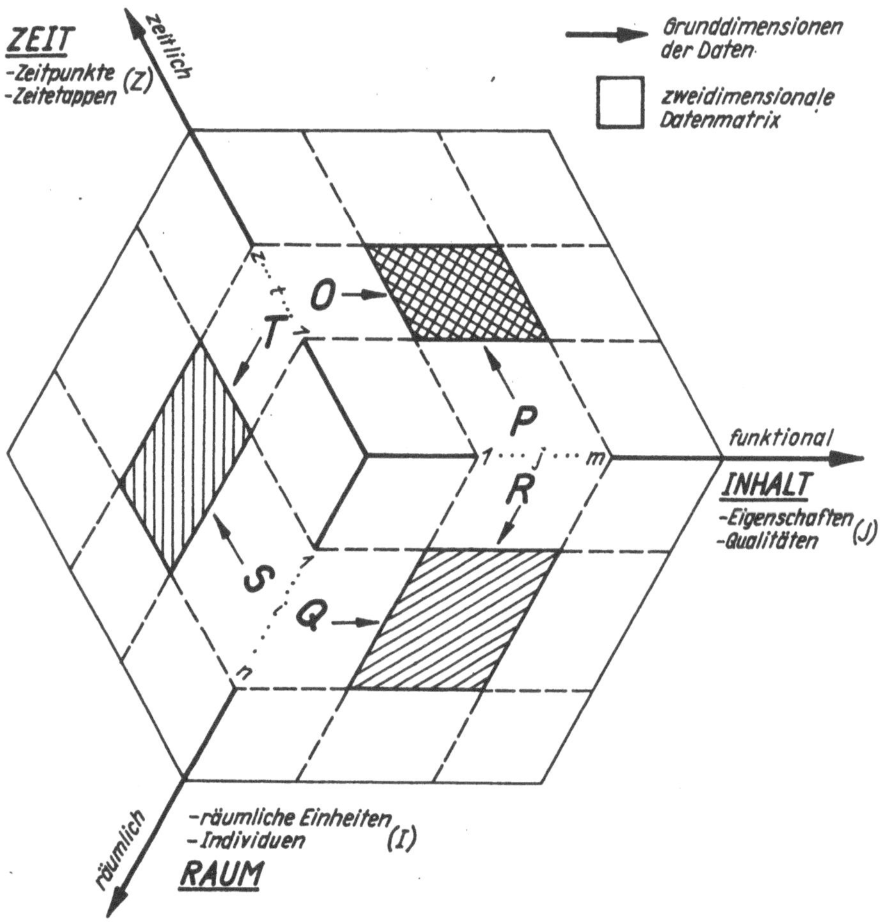

Abb. 14. Datenquader
Quantifizierungstechniken geographischer Erscheinungen in Raum und Zeit

zu unterscheiden: Die Q-Technik wird auf Individuen-Eigenschaften-Datenmatrizen für eine durch die „Faktoren" verkörperte direkte Regionalisierung bzw. Raumtypisierung angewendet. Beispiele sind bei BERRY (1962), GARRISON/MARBLE (1964), MEGEE (1965), HENSHALL/KING (1966), BROWN/LONGBRAKE (1970), BERRY (1972), VINCENT (1974) zu finden. Werden andererseits quadratische Interaktionsmatrizen faktoranalytisch verarbeitet, treten beide Techniken meist zur Differenzierung zwischen Quell- bzw. Zielgebietsanalysen kombiniert auf (s. hierzu ILLERIS/PEDERSEN, 1968, GODDARD, 1970, WHEELER, 1972, ECKEY, 1976 u. a.).

Analog der Individuen-Eigenschaften-Matrix läßt sich beim Ersetzen der Dimensionen Raum bzw. Inhalt durch die Zeit, die entsprechende Individuen-

Veränderungen-Matrix bzw. Eigenschaften-Veränderungen-Matrix zweiseitig betrachten und analysieren. BELANGER u. a. (1972) sowie JEFFREY (1974) geben Beispiele für die T-Technik und CATTEL (1951, 1953) für die P-Technik.

Werden die Variabilität der betrachteten Dimension und bei der Verarbeitung der Datenmatrizen außer den Korrelationskoeffizienten auch Ähnlichkeits- oder Abstandsmaße berücksichtigt, dann ist die Verallgemeinerungsfähigkeit der faktoranalytischen Techniken als grundlegende inhaltlich-methodische Behandlungsweise gegeben.

Die in der Vorbereitungsphase getroffenen inhaltlich-sachlichen Festlegungen ziehen sich durch die gesamte Untersuchung und bewerten diese als ein zielgerichtetes Experimentieren oder bloßes Probieren.

2. Ein weiterer Arbeitsschritt ist die *Datenerfassung,* also die Art der Datengewinnung (vgl. SCHMIDT, 1977).
3. Die *Datenaufbereitung* (vgl. SCHMIDT, 1976) liefert mit der Datenmatrix den Grundbaustein für das methodische Fundament.
4. Die *Datenverarbeitung* führt zur Ziel- bzw. Aufgabenstellung zurück.

   In dieser Arbeitsphase geht es darum,

a) an Hand der Veränderungen von Typ und Inhalt der Ergebnismatrizen den formal analogen Analysegang in *Verarbeitungsstufen* als Bausteine des Grundgerüstes zu zerlegen;
b) die vom inhaltlichen Ziel bestimmten Transformationen, Reduktionen oder sonstigen Umwandlungen der Matrizen als *Verarbeitungsschritte* zwischen den Verarbeitungsstufen in ihren vielfältigen, verfahrensmäßigen Realisierungen und ihrer unterschiedlichen Aussagefähigkeit als Ergebnismatrizen zu charakterisieren.

5. Die *Auswertungs-* und *Analysephase* ist methodisch zunächst untergeordnet. Inhaltlich betrachtet, ist sie jedoch wichtig. Sie ermöglicht es, die Realisierbarkeit des Untersuchungskonzeptes zu beurteilen und durch Rückkopplung zur Vorbereitungsphase Theorie und Praxis iterativ anzunähern.

5.2. Quantitative Strukturanalyse als sukzessive Abarbeitung von Datenmatrizen

Da die Hierarchie vornehmlich als funktionale Hierarchie anzusehen ist, die wegen ihrer Realisierung in Raum und Zeit spezifische räumliche bzw. zeitliche Hierarchien ausbildet (vgl. 3.3.2. und 3.4.4.), ist die inhaltliche Grunddimension (Eigenschaften, Qualitäten) hier die wesentlichere. Weiterhin bedingt die geographische Betrachtungsweise die Auswahl der räumlichen Dimension, der räumlichen Einheiten, als zweite Grunddimension. Es liegt deshalb nahe, im vorliegenden Fall die zweidimensionalen Techniken an Hand der in Abbildung 14 schraffierten Eigenschaften-Individuen-Matrix vom Typ (m,n), einer weiteren Betrachtung zu unterziehen. Die Darlegungen werden, von der allgemeinen quantitativen geographischen Analyse ausgehend, hinsichtlich einer quantitativen geographischen Strukturanalyse eingeschränkt.

Der Typ der Matrix impliziert deren Dimensionierung. Folglich erscheint der Dimensionsbegriff auf zwei Ebenen. Einerseits sind Dimensionen zur Charakterisierung der Quantifizierung geographischer Erscheinungen nach Inhalt, Raum und Zeit nötig. Sie werden als Grunddimensionen bezeichnet. Andererseits dient der Dimensionsbegriff der Charakterisierung der Vielfalt innerhalb der einzelnen Grunddimensionen.

Zum Erkennen wie zur Veranschaulichung von Gemeinsamkeiten und Unterschieden empfiehlt es sich, die verschiedenen Verfahren der Strukturanalyse gleichartig darzustellen, im vorliegenden Fall (Abb. 15) also den Verfahrensgang analog zur Zerlegung der Faktoranalyse bei ÜBERLA (1971, S. 62) aufzubereiten.

Neben der Faktoranalyse sind die Distanzgruppierung in Anlehnung an FISCHER (1978, 1982, S. 62), die kausale (nach THÜRMER, 1981) bzw. die hier vorgestellte hierarchische Strukturanalyse und die kanonische Korrelationsanalyse in Anlehnung an CLARK (1975) sowie USBECK/BACINSKI (1983) in Verarbeitungsschritte, die inhaltliche Problemstellungen widerspiegeln, und Verarbeitungsstufen, die Ergebnisse in Matrixform darstellen, zerlegt worden.

Die Verarbeitungsschritte können sich aus mehreren Transformationen, Umwandlungen usw. zusammensetzen. Deren Zwischenergebnisse sind nur verfahrenstechnisch bedeutsam. Überdies können auch mehrere inhaltliche Verarbeitungsschritte in einem Verfahrensgang technisch realisiert sein. In diesem Zusammenhang existieren die Ergebnismatrizen der entsprechenden inhaltlichen Verarbeitungsstufe oft nur in Teilstücken, mitunter sogar nur in dem gerade für die Verarbeitung notwendigen, berechneten Wert.

5.2.1. Verarbeitungsstufen

An den Beispielen zur Dimensionierung und Strukturiertheit der Matrizen der Verarbeitungsstufen sind Unterschiede zwischen der jeweiligen Ausgangs- und Ergebnismatrix zu erkennen, jeweils hervorgerufen durch den speziellen Verarbeitungsschritt:

a) Rein formal kann zwischen Verarbeitungsschritten unterschieden werden, die den Typ der Ausgangsmatrix, d. h. ihre Dimensionierung, beibehalten oder verändern. Beispiele für die Veränderung des Typs sind alle Reduktionsschritte, die meist eine Dimension der Ausgangsmatrix verringern. Beispiele für die Beibehaltung des Typs sind das Kommunalitätenproblem, die Faktorrotation, die Triadenreduktion, die Herauslösung hierarchischer Beziehungen usw. Bei unverändertem Matrixtyp wird die Ergebnismatrix durch einen Stern gekennzeichnet.

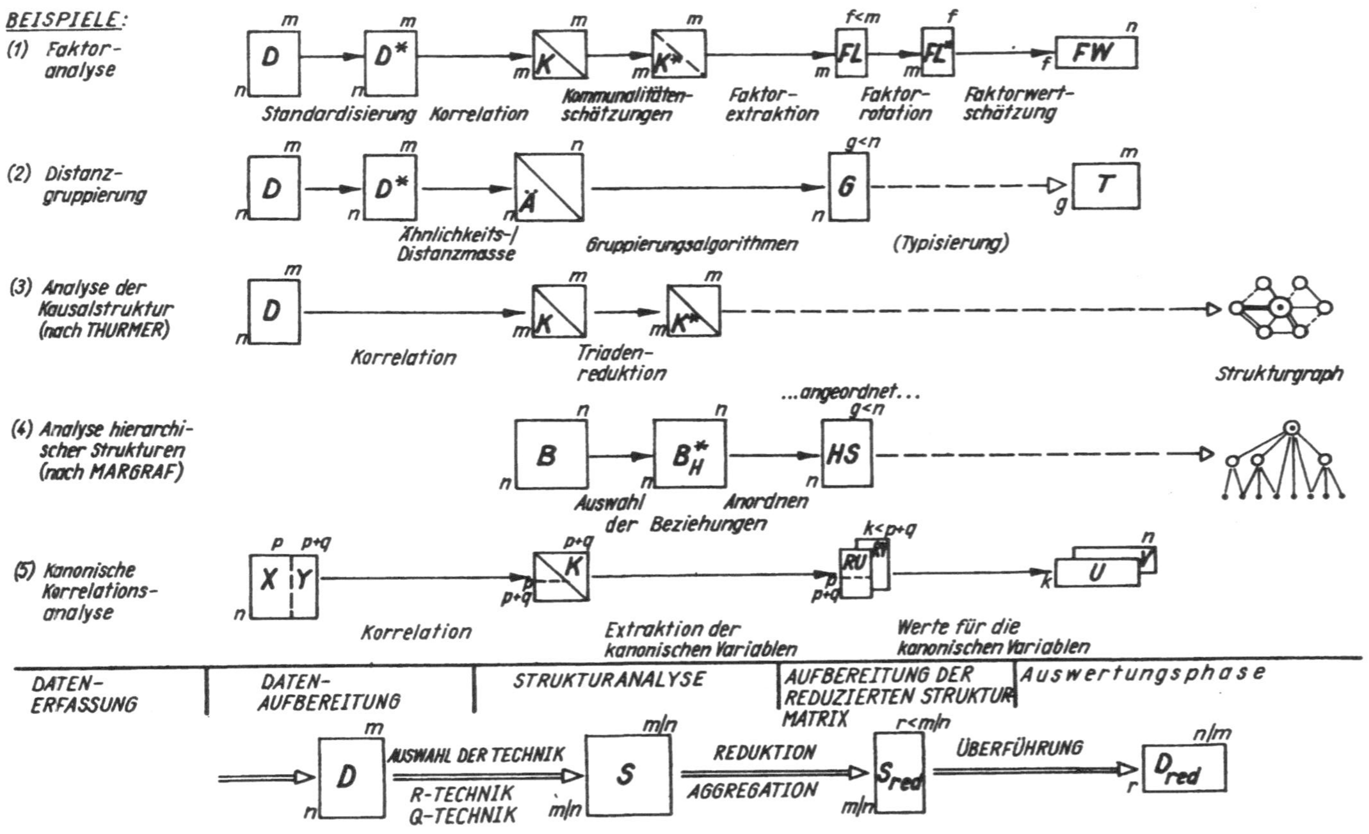

Abb. 15. Zerlegung strukturanalytischer Verfahren

b) Der Übergang zur quadratischen Strukturmatrix (Kopplungsmatrix) erfolgt, der inhaltlichen Problemstellung gemäß, im Sinne der Q- und R-Technik entweder zur (n,n)- oder (m,m)-Matrix (ungeradezahlige bzw. geradezahlige Beispiele in Abb. 15). Die aus dem Datenkörper ausgewählte Datenmatrix weist in diesem Fall auf eine mögliche räumlich-individuelle oder inhaltlich-funktionale Betrachtungsweise hin.

c) Ein dritter wesentlicher Unterschied ergibt sich aus der inneren Struktur der Matrizen, d. h. den Angaben über die Variabilität der Spalten- bzw. Zeilenanordnung. Die Möglichkeiten umfassen
   - eine beliebige Spalten- und Zeilenanordnung (Beispiel 1–3),
   - eine spezielle Anordnung der Zeilen bzw. Spalten als Ziel des Verarbeitungsschrittes, wie die Anordnung der Gruppen von Individuen zu Hierarchiestufen (Beispiel 4) oder das sogenannte CZEKANOWSKI-Diagramm (SCHMIDT/MARGRAF, 1979),
   - eine geforderte Anordnung von Zeilen bzw. Spalten für die zu verarbeitende Datenmatrix, wie bei der kanonischen Korrelationsanalyse (Beispiel 5). Auch die Regressionsanalyse mit dem Ziel, die (n,m) Datenmatrix über die n Individuen (Stichproben) auf einen eindimensionalen Koeffizientenvektor und damit zu einer Aussage über die Grundgesamtheit zu reduzieren, läßt sich wegen der geforderten Strukturierung der Spalten nach Ziel und Einflußgrößen in diese Gruppe einordnen.

Wird der inhaltliche Charakter der aus den Verarbeitungsschritten resultierenden Unterschiede ignoriert und nur auf die den Matrixtyp verändernden Verarbeitungsschritte geachtet, so sind

1. die Ausgangs- und Ergebnismatrizen als eine Einheit aufzufassen, deren formaler Typ unverändert bleibt, ist
2. davon auszugehen, daß alle Verfahren formal in Q- und in R-Technik anwendbar sind; und daß
3. die inhaltlich bedingte innere Struktur außer acht gelassen wird, da sie den Typ der Matrix nicht beeinflußt.

Aus den inhaltlichen Unterschieden und den methodischen Gemeinsamkeiten einer quantitativen Strukturanalyse verbleibt ein sehr einfaches, rein methodisches Skelett von Verarbeitungsstufen einer Datenmatrix:

1. die Datenmatrix vom Typ (m,n),
2. die quadratische Strukturmatrix vom Typ (m,m) bzw. (n,n),
3. die reduzierte Strukturmatrix vom Typ (m,f) bzw. (n,g),
4. die reduzierte Datenmatrix vom Typ (f,n) bzw. (g,m).

Eine derart auf Datenverarbeitung ausgerichtete methodische Abstraktion ginge erheblich über das inhaltliche Ziel hinaus. Es gilt nun, durch Integration der inhaltlichen Probleme aus dem formal-methodischen Skelett ein inhaltlich orientiertes Grundgerüst aufzubauen.

5.2.2. Verarbeitungsschritte

Neben der inhaltlichen Interpretation der Übergänge zwischen den Verarbeitungsstufen des formal-methodischen Skeletts müssen sowohl die inhaltlichen Hintergründe für die Q- bzw. R-Technik als auch die allgemeinen inhaltlichen Grundlagen der den Typ der Matrix verändernden oder beibehaltenden Verarbeitungsschritte in das anvisierte Grundgerüst einbezogen werden (Abb. 16). Daraus ergeben sich folgende Verarbeitungsschritte:

1. die *Datenerfassung,* nach entsprechend inhaltlicher Vorbereitung der Untersuchung mit der Datenmatrix (D) vom Typ (m,n) als Ergebnis;
2. die den Typ der Datenmatrix beibehaltende *Datenaufbereitung,* mit der aufbereiteten Datenmatrix (D*) als Resultat, wozu Normierungen, Zentrierungen, Relativierungen, Wichtungsprobleme usw. gehören;
3. die von der inhaltlichen Betrachtungsweise des Untersuchungsobjektes bestimmte *Auswahl der Q- bzw. R-Technik* mit der quadratischen Strukturmatrix (S) als Ergebnis.

Orientiert am Systembegriff, erfordert diese Entscheidung zwei sich inhaltlich unterscheidende Umsetzungen des Systemkonzepts.

Werden die räumlichen Einheiten bei der Q-Technik vordergründig betrachtet, die Individuen also als Systemelemente aufgefaßt, so werden die Relationen zwischen diesen durch Beziehungen wie Interaktionen, Verflechtungen usw. verkörpert. Sie resultieren aus den Eigenschaften der Individuen und können – neben der indirekten Berechnung aus der aufbereiteten Datenmatrix (z. B. Ähnlichkeits- oder Distanzmaße) – auch direkt gemessen werden (z. B. als Reisezeiten, Anbindungen, Innovationen). Die Untersuchung der strukturellen Beziehungen (Relationen) zwischen den Individuen (Elementen) setzt eine fundierte Auswahl der Eigenschaften voraus und läßt Systemstrukturen des Untersuchungsobjektes erkennbar werden.

Bei der R-Technik steht mit den Eigenschaften die inhaltlich-funktionale Betrachtungsweise im Vordergrund. Die Eigenschaften werden als Systemelemente aufgefaßt und die Relationen zwischen ihnen durch Zusammenhänge und Abhängigkeiten kausaler oder nichtkausaler Art verkörpert (vgl. THÜRMER, 1981). Sie ergeben sich durch die Ausprägung der Eigenschaften in den Individuen und können ebenfalls – neben der indirekten Berechnung (Korrelations- oder Assoziationsmaße, vgl. MARGRAF, 1977) – aus der (aufbereiteten) Datenmatrix direkt gemessen werden. Dies wird z. B. bei nominal und ordinal skalierten Eigenschaften durch Kontingenztafeln praktiziert. Die Untersuchung der strukturellen Zusammenhänge (Relationen) zwischen den Eigenschaften (Elementen) erfordert ebenfalls eine fundierte Auswahl der Individuen und führt zum Erkennen von Systemgesetzen des Untersuchungsobjektes.

Die Bedeutung und Notwendigkeit beider Ansätze ist unbestritten. Trotzdem ist die Frage aufzuwerfen, welcher Ansatz der Geographie angemessener ist.

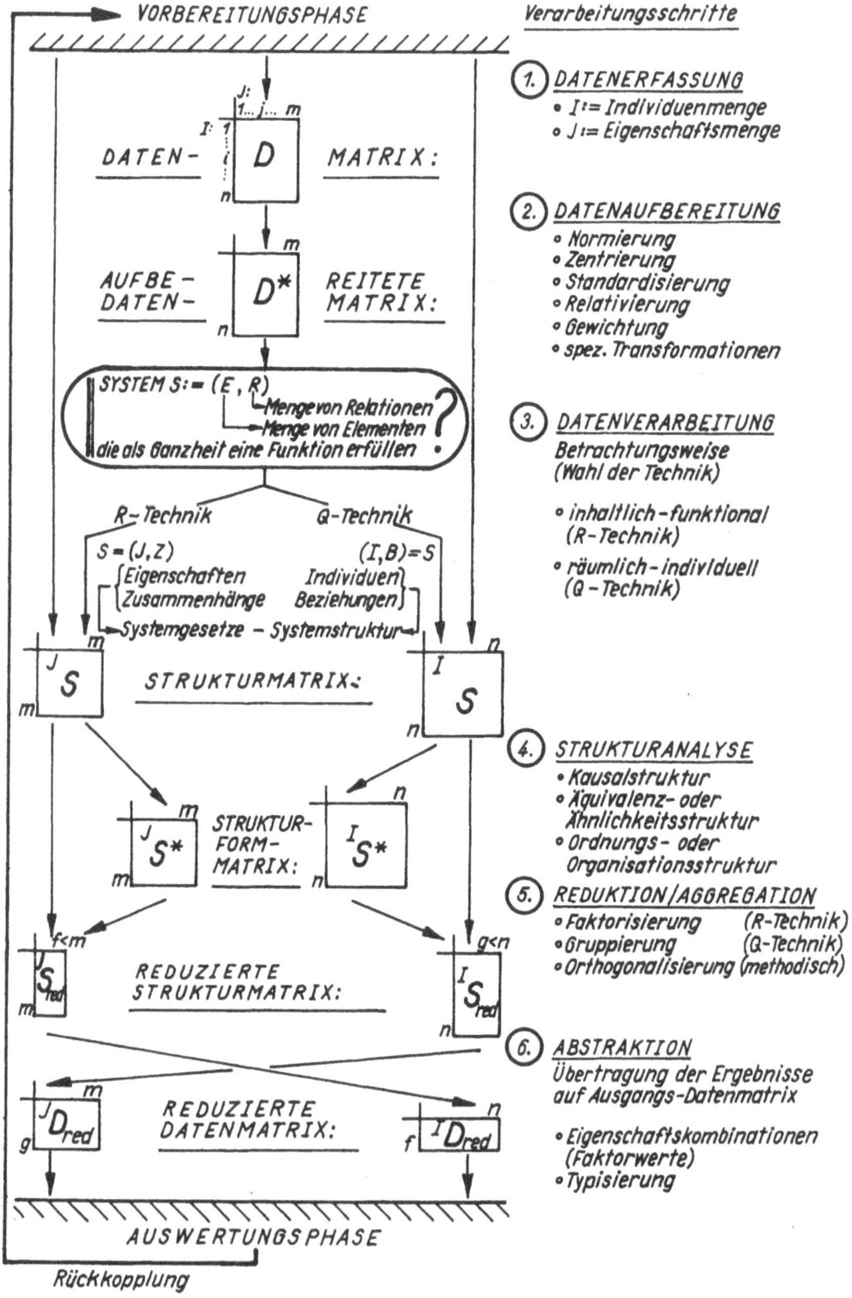

Abb. 16. Grundgerüst quantitativer Strukturanalysen

Aus den Möglichkeiten der indirekten Berechnung sowie der direkten Messung von Strukturmatrizen müssen zwei Ansatzpunkte für den weiteren Verarbeitungsgang berücksichtigt werden. Ferner können die direkt erfaßten quadratischen Struktur-Datenmatrizen formal auch wie eine (m,n)-Datenmatrix mit m=n behandelt werden. Die unterschiedlichen inhaltlichen Betrachtungsweisen ein und derselben Matrix sind allerdings zu beachten. Wird die quadratische Matrix der Relationen als Datenmatrix verwendet, sind die Relationen als Eigenschaften entweder des Vor- bzw. Nachbereiches zu betrachten, z. B. das Quellaufkommen als Eigenschaft des Zielortes, oder umgekehrt. Wird die quadratische Matrix der Relationen als Strukturmatrix verwendet, dann sind die Relationen selbst vordergründig zu behandeln, d. h., daß Quell- und Zielort nur als Träger der Relationen auftreten.

4. Für die *inhaltliche Verarbeitung der Strukturmatrix* (Strukturanalyse) wird der quadratische Typ beibehalten. Das Ergebnis ist eine durch Transformation, die Auswahl konkreter Relationen aus der zumeist komplexeren empirischen Strukturmatrix usw. hervorgegangene Matrix spezifischer Strukturformen (S*).

Bei der Strukturanalyse sind die in der Vorbereitungsphase getroffenen inhaltlichen Festlegungen hinsichtlich spezifischer Strukturen (Strukturformen) umzusetzen. Hinter diesem Verarbeitungsschritt verbirgt sich das eigentliche Ziel, das eng mit den theoretisch-hypothetischen bzw. methodisch-praktischen Konzepten verbunden ist und sowohl die vorangegangenen wie die folgenden Verarbeitungsschritte mehr oder weniger bestimmt.

Der hypothetischen Entscheidung für die Hauptkomponentenanalyse bzw. Faktoranalyse im engeren Sinne entsprechend und damit gegen oder für eine Kommunalitätenschätzung (Abb. 15) wird z. B. die Hauptdiagonale der Korrelationsmatrix bestimmt. Somit wird festgelegt, ob die Merkmale vollständig in das Faktorenmodell eingehen sollen oder als Einzelrestfaktoren eine gewisse Eigenständigkeit behalten.

Bei der Analyse der Kausalstruktur wird die Korrelationsmatrix an Hand der Triadenreduktion (Abb. 15) von Interkorrelationen befreit, um die mehr oder weniger hypothetischen Ursache-Wirkung-Beziehungen direkter und unverfälschter, quantitativ darzustellen.

Gemäß dem theoretischen Konzept, wonach „der Quellort dem Zielort untergeordnet ist", werden die entsprechenden hierarchischen Beziehungen aus der Menge der empirisch erfaßten Beziehungen ausgewählt (vgl. Abb. 15 bzw. Abschnitt 4.3.).

Eine spezifische inhaltlich-methodische Aufgabe der Aufbereitung von Strukturmatrizen ergibt sich aus der Symmetrie als Struktureigenschaft und der damit möglichen Beschränkung auf die obere oder untere Dreiecksmatrix. Während die vollständige quadratische Strukturmatrix eine Differenzierung zwischen Vor- und Nachbereich der Relationen enthält, z. B. die den Quell-Ziel-

Beziehungen entsprechende Gerichtetheit, Unterordnung oder diverse Abhängigkeiten, besteht das Wesen einer symmetrischen Matrix gerade in der Einheit, Gleichberechtigung von Vor- und Nachbereich als Träger der Relationen. Die inhaltlichen Probleme bei der oft notwendigen Wandlung von einer Form in eine andere werden noch dadurch verschärft, daß Widersprüche zwischen einer inhaltlich bedingten Symmetrie und deren zahlenmäßig nicht exakter Widerspiegelung in der empirisch erfaßten Strukturmatrix (z. B. Telefonmatrix) auftreten können.

Die strukturanalytischen Verfahren sind auch inhaltlich relativ unabhängig von der jeweiligen Betrachtungsweise, d. h. der ausgewählten Technik. Die Faktoranalyse wird sowohl in Q- wie in R-Technik angewendet. Da die ihrem Wesen nach funktionalen Hierarchien bei ihren räumlichen wie zeitlichen Realisierungen entsprechend bedingte räumliche und zeitliche Varianten ausbilden, ist die Analyse hierarchischer Strukturformen funktional als R-Technik und räumlich als Q-Technik denkbar.

5. Mit der *Reduzierung der Strukturmatrix* wird der Typ der Strukturmatrix verändert, indem die Ergebnismatrix (S_{red}) zumeist in einer Dimension verringert wird.

Bei einer inhaltlich-funktionalen Betrachtungsweise (R-Technik) besteht das Ziel im Reduktionsschritt darin, die Stellvertretereigenschaften im Sinne einer „Faktorisierung" zu den eigentlich interessierenden, komplexeren Eigenschaften (Qualitäten) zu aggregieren.

Bei räumlich-individueller Behandlung (Q-Technik) besteht das Ziel darin, die Individuen entsprechend ihren Eigenschaften mittels inhaltlich-theoretischer Konzepte (z. B. Ähnlichkeit) im Sinne einer „Gruppierung" zusammenzufassen.

Formal logisch müßte eine Verarbeitungsstufe zur Aufbereitung der reduzierten Strukturmatrix (S_{red}*) folgen, ohne daß deren Typ verändert wird. Als Beispiel kann die Faktorrotation (vgl. Abb. 15) dienen, deren verfahrenabhängiges Ergebnis der Faktorextraktion im Sinne des theoretischen Konzepts von einer „Einfachstruktur" verändert worden ist. Verfahrenstechnisch bedingte Zwischenergebnisse werden hier nicht berücksichtigt, so daß die rotierte Faktormatrix die eigentlich reduzierte Strukturmatrix mit inhaltlicher Bedeutung ist.

6. Die *Übertragung der erzielten Ergebnisse* auf die im konkreten Untersuchungsgang erforderliche Grunddimension ist als formal letzter Verarbeitungsschritt anzusehen. Das Ergebnis ist die in einer Grunddimension reduzierte Datenmatrix (D_{red}*).

Beim Übertragungsschritt werden die bei der Strukturanalyse und Reduktion erzielten Ergebnisse bezüglich der untersuchten Grunddimension auf die andere Grunddimension übertragen. Neben dem formal-methodischen Übergang ist damit vor allem ein inhaltlicher Abstraktionsprozeß zu vollziehen. Mit der inhaltlich-funktionalen Betrachtungsweise werden die als gesichert angenommenen

Individuen im Sinne des Resultats (Faktorisierung) durch aussagekräftigere (inhaltliche Abstraktion) Eigenschaften (Qualitäten) beschrieben. Durch die räumlich-individuelle Betrachtungsweise werden die bereits als gesicherte Qualitäten angenommenen Eigenschaften im Hinblick auf das Ergebnis (Gruppierung) zur Beschreibung der sich aus der Aggregation ergebenden höherrangigen Individuen (Typen) herangezogen.

Mit dem Grundgerüst (Abb. 16) und dem Versuch einer allgemeinen inhaltlichen Ansprache der einzelnen Verarbeitungsschritte sind noch keine Probleme gelöst. Vom Untersuchungsobjekt ausgehend, können erst mit der Auswahl bzw. Festlegung der Individuen und Eigenschaften sowie der durch das Ziel gegebenen Präzisierung der Verarbeitungsschritte inhaltliche wie methodische Fragen diskutiert werden, nämlich:

a) die Notwendigkeit einer bestimmten Form der Datenaufbereitung,
b) die Charakterisierung bzw. Definition spezifischer Strukturformen,
c) die Differenzierung zwischen Typen sowie Übergangs- oder Mischformen.

Diese Positionen beeinflussen die mathematische sowie die rechentechnische Realisierung und erlauben Einschätzungen und Schlußfolgerungen zu konkreten Verfahren und Methoden.

5.3. Ausgangsmatrizen zur Analyse hierarchischer Strukturen

Die Verwertbarkeit von Datenmatrizen zur Analyse hierarchischer Strukturen ergibt sich zwangsläufig aus der inhaltlich-methodischen Präzisierung der Strukturanalyse allgemein als Verarbeitungsschritt (Abb. 16). Entsprechend den inhaltlichen (Kap. 3) und formalisierenden (Kap. 4) Darlegungen sowie der Definition der Hierarchie, beruht die Präzisierung des Verarbeitungsschrittes auf dem theoretischen Konzept des zu untersuchenden hierarchischen Organisationsprinzips. Gemäß den darin berücksichtigten qualitativen Unterschieden der Elemente (z. B. Ziel- oder Quellort) bedeutet dieser Verarbeitungsschritt eine zielgerichtete Strukturanalyse zur Aufdeckung von Unter- bzw. Überordnungen zwischen den Elementen. Formalisiert gehen diese Beziehungen als geordnete Paare von Elementen (Halbordnung des hierarchischen Beziehungsgeflechtes) und von Elementgruppen (Ordnung der Hierarchiestufen) in die Strukturformmatrix als Ergebnismatrix dieses Verarbeitungsschrittes ein. Dem logischen Gang des methodischen Grundgerüstes folgend, ist die Strukturmatrix Vorläufer der Strukturformmatrix — rein formal gesehen — als eigentliche Ausgangsmatrix für *alle* strukturanalytischen Verfahren anzusehen. Derartige Strukturmatrizen sind

a) das *Ergebnis direkter Messung* von Beziehungen (z. B. Interaktionsmatrizen) oder Zusammenhänge (z. B. Kontingenztafeln) oder
b) das *Ergebnis indirekter Berechnungen* aus der (aufbereiteten) Datenmatrix,

z. B. als Korrelationsmatrizen der inhaltlich-funktionalen oder als Distanz- bzw. Ähnlichkeitsmatrizen der räumlich-individuellen Betrachtungsweise.

Die Praxis zeigt jedoch auch, daß die Analyse hierarchischer Strukturen, direkt auf der (m,n)-Eigenschaften-Individuen-Datenmatrix basierend, keine Seltenheit ist. Im Gegenteil, oft ist sie die häufigste oder einzige Quelle zur Analyse von Hierarchien. Bei räumlich-individueller Betrachtungsweise werden die Eigenschaften oder Qualitäten der Individuen als potentielle Träger der Hierarchie allein zur Formalisierung des hierarchischen Organisationsprinzips herangezogen. Der relationale Charakter der hierarchischen Beziehungen findet dabei keinen oder scheinbar keinen adäquaten quantitativen Ausdruck. Dieser Fakt, der auch im Widerspruch zum dargelegten Grundgerüst einer allgemeinen quantitativen Strukturanalyse zu stehen scheint, bedarf einer näheren Betrachtung.

Die Existenz von Verfahren, die auf der Strukturmatrix aufbauen, wie auch von solchen, denen die (m,n)-Datenmatrix zugrunde liegt, erfordert Überführungsmöglichkeiten von jeweils einem Matrixtyp in den anderen. Damit können die Vorteile beider Verfahrensgruppen in Anspruch genommen werden. Da die Überführung (Transformation) von aufbereiteten Datenmatrizen (m,n) in Strukturmatrizen dem Grundschema entspricht, ist auf die Umkehrung hinzuweisen. Zwei Möglichkeiten sind damit gegeben:

a) die Betrachtung der Strukturmatrix als (m,n)-Datenmatrix mit m=n. Dabei wird der relationale Charakter der Strukturmatrix vernachlässigt und zum Eigenschaftscharakter übergegangen;
b) die Betrachtung der als Dyaden ansprechbaren Paare als Ganzes, also als Individuen anzusehen. Dabei werden die Beziehungen oder Zusammenhänge, also die von den Paaren verkörperte Relation, als Eigenschaft oder Qualität dieser „Individuen" ansprechbar.

Zur Verarbeitung mehrerer Beziehungen in der Geographie wurde der zweite Weg vor allem durch BERRY im Zusammenhang mit faktoranalytischen Untersuchungen und der darauf aufbauenden *„Feldtheorie"* (BERRY, 1966) beschritten. Dieses *„Dyadenkonzept"* wäre auch allgemein als Strukturkonzept denkbar. Allerdings würde theoretisch, methodisch und praktisch einiges durch die Verwischung des Relationscharakters vergeben. Seine Berechtigung gewinnt dieses Konzept jedoch in dem Maße wie die Kategorisierung metrisch skalierter Eigenschaften zugelassen wird, um entsprechende quantitative Verfahren anwenden zu können.

5.3.1. Die Individuen-Eigenschaften-Matrix

Gegenwärtig werden in der Geographie wegen des leichteren Zugangs zu Individuen-Eigenschaften-Datenmatrizen, also Eigenschaftsvektoren für die Individuen, vorrangig zur Analyse herangezogen. In diesem Zusammenhang treten Ordnungen widerspiegelnde bzw. hierarchische Strukturen andeutende Beziehungen oft nur als Nebenprodukt spezifischer Ziele, wie Typisierungen, auf. Spezielle methodische Möglichkeiten zur Analyse der Ordnungsbeziehungen zwischen den Individuen an Hand von Eigenschaften oder Qualitäten, wie Histogramme oder Skalogramme zur Bildung von Hierarchiestufen, werden hier nicht behandelt.

Ist die Hierarchie als Bestandteil einer empirischen Struktur selbst vordergründig zu untersuchen, dann enthält die direkt auf die Individuen-Eigenschaften-Datenmatrix orientierte Strukturanalyse theoretische und inhaltlich-geographisch nicht zu übersehende Schwachpunkte:

a) Der Relationscharakter der Unter- bzw. Überordnung zwischen den Individuen findet keinen adäquaten quantitativen oder gar qualitativen Ausdruck.
b) Die Unter- bzw. Überordnung kann nur über die Zugehörigkeit der Individuen zu einer Kategorie (Hierarchiestufen) im Rahmen der wenigstens ordinalskalierten hierarchischen Ordnung und nicht zwischen den Individuen direkt entschieden werden.
c) Die aus den Eigenschaftsvektoren der Individuen, Gruppen oder Typen resultierenden Stufen, Ränge oder Niveaus können somit die hierarchischen Strukturen nur als linearen Größenvergleich (Ordnungsrelation) zwischen den „Hierarchiestufen" widerspiegeln. Dies kann den Anforderungen an eine vom konkreten territorialen Bedingungsgefüge abstrahierende, allgemein-räumliche Theorienbildung häufig genügen.
d) Das Ergebnis geht jedoch nicht über eine geordnete Typisierung hinaus. Es vernachlässigt das konkrete Beziehungsgeflecht der Unter- bzw. Überordnung zwischen den Individuen unterschiedlicher Hierarchiestufen und damit die den Geographen interessierende konkrete räumliche Ausprägung des theoretischen Konzepts in einem bestimmten Territorium.

Zur vollständigen Charakterisierung einer Hierarchie, speziell zur Widerspiegelung der Halbordnung des Beziehungsgeflechtes, reicht das eindimensionale Eigenschaftskonzept für mehrdimensionale Strukturkonzepte nicht aus. Wenigstens eine Hilfsrelation ist zur direkten Darstellung von Unter- und Überordnungen zwischen den Individuen erforderlich. Diese in der Geographie sinnvolle Hilfsrelation folgt aus den Lagebeziehungen der Individuen zueinander. Indem jedes Individuum räumlich gesehen dem „nächstgelegenen" Individuum einer höheren Hierarchiestufe direkt untergeordnet wird, läßt sich ein solches Beziehungsgeflecht aufbauen.

Eine auf die konkrete Realisierung von Hierarchien ausgerichtete Strukturanalyse sollte deshalb nach Möglichkeit auf der Untersuchung von Beziehungen oder Zusammenhängen basieren, denen ein hierarchisches Ordnungsprinzip innewohnt. Allein mit der Strukturmatrix ist der Nachweis hierarchischer Strukturen in all ihren Wesenszügen möglich.

5.3.2. Die quadratische Strukturmatrix

Für den räumliche Erscheinungen untersuchenden Geographen ist – neben der Betrachtung räumlicher Verteilungsmuster – die Berücksichtigung räumlicher Beziehungen gleichberechtigter Gegenstand der Analyse. Soll dabei, je nach dem konkreten Ziel, über eine verbale Beschreibung der beobachteten Phänomene hinausgegangen werden, bilden quadratische Matrizen eine Grundlage für die detaillierte Strukturuntersuchung räumlicher Erscheinungen.

Wird die Vielfalt der in geographischen Untersuchungen analysierten quadratischen Matrizen

- *inhaltlich* nach der *räumlich-individuellen* (Q-Technik) bzw. *inhaltlich-funktionalen* (R-Technik) Betrachtungsweise,
- *erfassungstechnisch* nach den *direkt meßbaren* bzw. *indirekt berechenbaren Strukturmatrizen* und diese
- *herkunftsmäßig* als *aus der (m,n)-Datenmatrix abgeleitete* bzw. *aus der (m,m)-* bzw. *(n,n)-Strukturmatrix aufbereitete* Strukturmatrizen

untergliedert, dann läßt sich eine entsprechende Übersicht über die Ausgangsmatrizen zur Analyse hierarchischer Strukturen (Abb. 17) ableiten. Sie verdeutlicht wesentliche Gruppen inhaltlich-sachlicher Aufgaben, wobei hinsichtlich der konkreten Möglichkeiten Vollständigkeit weder erreicht noch erwartet werden kann.

Häufig analysierte Gruppen von Ausgangsmatrizen sind folgende:

1. *Interaktionsmatrizen* als die größte Gruppe.
   Räumlich-individuell stellen sie direkt meßbare oder z. T. indirekt berechnete Beziehungen zwischen räumlichen Einheiten dar. Räumliche Interaktionen widerspiegeln zahlreiche geographische Erscheinungen, wie
   a) die Raumüberwindung
      nach den Gegebenheiten (Entfernungen, Zeiten, Kosten) oder nach der Intensität an Hand spezifischer Strommatrizen, wie
         Personenströme (Migration, Pendler, Taxiverkehr),
         Güterströme (Konsumgüter, Massengüter, Stückgut),
         Kommunikationsströme (Telefonverkehr, Ferngespräche);
   b) der Raumorganisation, wie
         politisch-administrative Gliederung,
         Verkehrsanbindungen;
   c) der Raumbeeinflussung,
      ausgedrückt oder erfaßt durch Gravitation, Innovation, Diffusion oder Informationsfelder.

   Das Gegenstück bei sachlich-funktionaler Betrachtungsweise bilden vor allem Kontingenztafeln, die qualitative Zusammenhänge widerspiegeln. Sie sind für die Verarbeitung von nominal oder ordinal skalierten Variablen wesentlich.

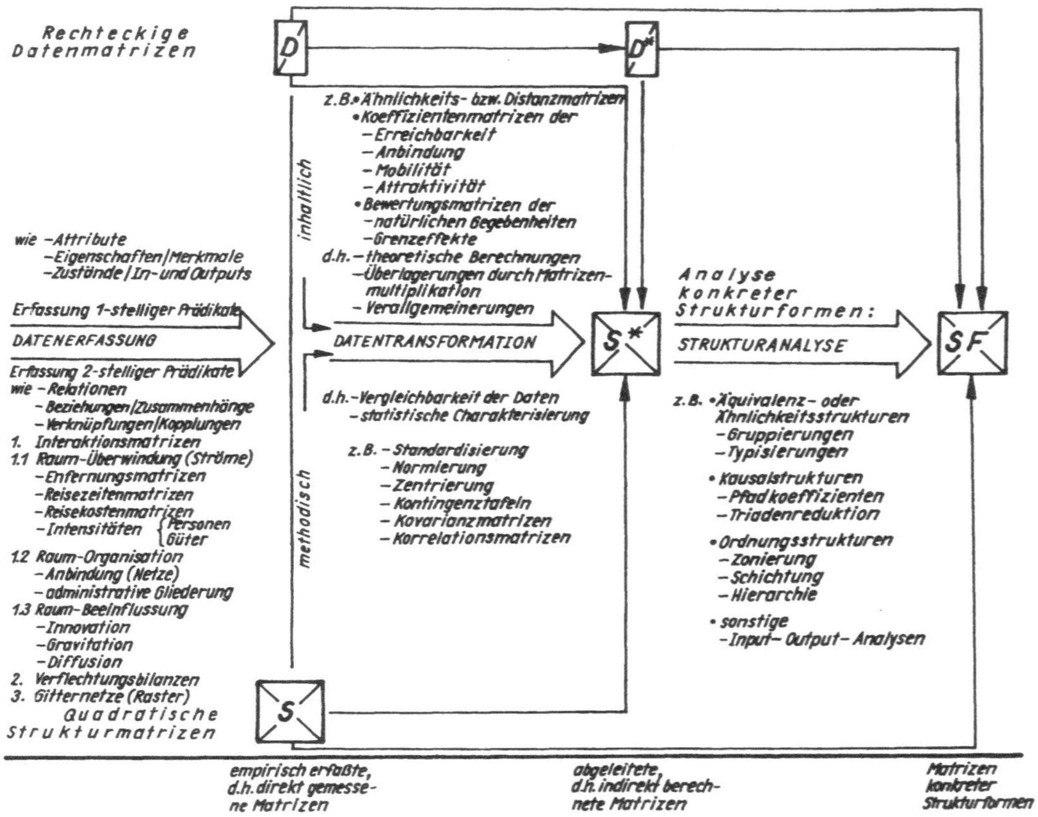

Abb. 17. Quadratische Matrizen in der Geographie

2. *Strukturmatrizen;* das sind quadratische Ausgangsmatrizen, die bestimmte inhaltliche, theoretische oder methodische Konzepte widerspiegeln. Unter Verwendung von inhaltlichen oder methodischen Erfahrungen und Erkenntnissen bzw. theoretischen Vorstellungen, Hypothesen, Annahmen oder Voraussetzungen stellen sie bereits das Ergebnis eines Verarbeitungsschrittes von Datenmatrizen dar. Sie sind also nicht direkt meßbar. Häufigste Vertreter sind:
   a) *Korrelationsmatrizen,* inhaltlich-funktional eine allgemeine methodische Form der Darstellung von Zusammenhängen. Sie dienen vor allem der Analyse von Kausalstrukturen (THÜRMER, 1981), die auch bestimmten hierarchischen Ordnungsprinzipien unterliegen können.
   b) *Ähnlichkeitsmatrizen*[1], räumlich-individuell reflektieren sie ein bestimmtes Ähnlichkeitskonzept (Abstandsmaße). In Anlehnung an die Entfernungsmatrix kann die Lage im methodisch bzw. inhaltlich-geographisch bestimmten Merkmals- bzw. Relativraum (KILCHENMANN, 1972) charakterisiert werden. Es können auch entsprechende Ähnlichkeitskonzepte wirksam werden.
   c) Allgemein rangieren hierunter alle Matrizen, die das Ergebnis inhaltlich oder methodisch bedingter Transformationen sind (wie die Matrix dominanter Ströme).
3. *Verflechtungsbilanz* (FEDORENKO u. a., 1973; NEMTSCHINOV, 1965). Sie ist für den Geographen als gebietliche Verflechtungsbilanz besonders interessant, da darin neben dem zweiglichen auch der territoriale Aspekt berücksichtigt wird. Die Analyse dieser Matrizen stützt sich vor allem auf die Input-Output-Analyse von LEONTIEF (1952), die auf regionaler Ebene von ISARD (1956) zur multiregionalen Input-Output-Analyse verfeinert wurde, sowie die Methoden der linearen Optimierung, wie sie von KANTOROWITSCH (1969) entwickelt wurden.

5.4. Verarbeitung quadratischer Strukturmatrizen in der Geographie

5.4.1. Veränderung der inneren Struktur (Umordnen)

Bereits 1913 versuchte CZEKANOWSKI die innere „Ordnung" quadratischer Matrizen darzustellen. Mittels Spalten- und Zeilenvertauschungen ordnete er, ausgehend von den Diagonalelementen, die symbolisierten Wertintervalle in absteigender Folge (vgl. SCHMIDT/MARGRAF, 1979). Das Ergebnis ist das sogenannte CZEKANOWSKI-Diagramm (Abb. 18), eine Art verallgemeinerter Diagonalmatrix. Die Hauptdiagonale besteht darin aus einer Folge kleinerer quadratischer Matrizen unterschiedlicher Dimension (vgl. Abb. 18b). Dabei ist kein Informa-

1 Bei dualer Betrachtungsweise gilt das auch für Distanzmatrizen.

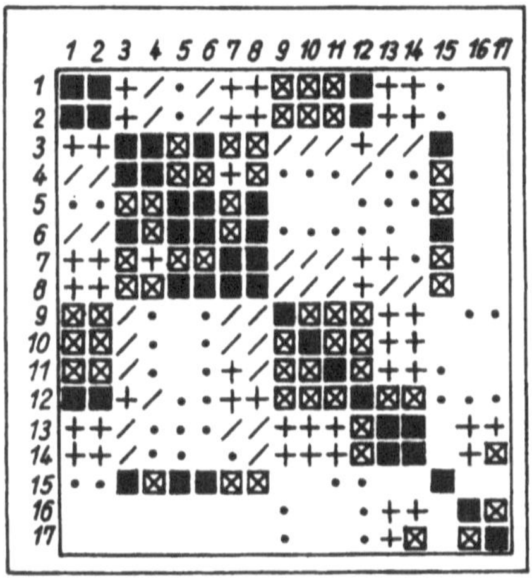

a) Ausgangsmatrix (symbolisiert)

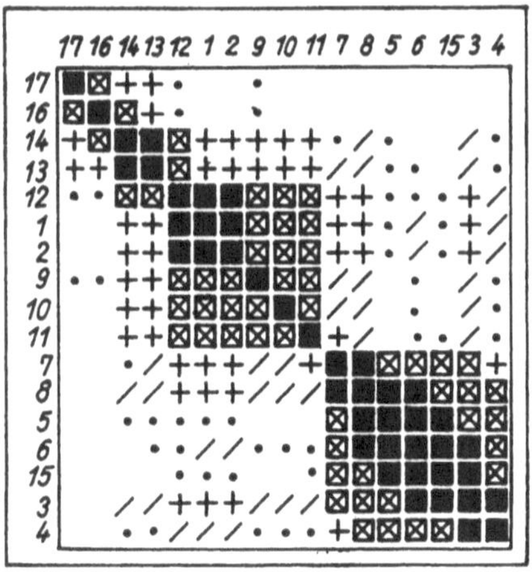

b) umgeordnete Matrix

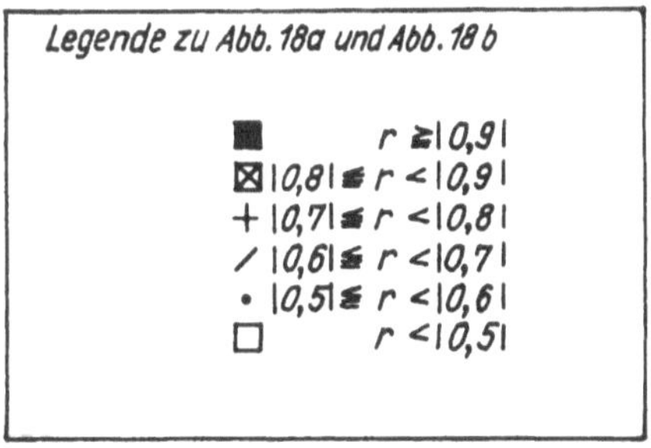

Abb. 18. CZEKANOWSKI-Diagramm

tionsverlust zu befürchten. Diese Methode ist auch heute noch aktuell. NG (1969a, 1969b) nutzt das Verfahren zur Analyse von Migrationsströmen in Schottland und Thailand. Für Thailand resultieren aus einer 71 X 71 Migrationsmatrix, die das prozentuale Quellaufkommen ausdrückt, 10 sogenannte Migrationsregionen (kleinere quadratische Matrizen entlang der Hauptdiagonalen) mit „maximalen" inneren Migrationsströmen und „minimalen" Migrationsströmen zwischen den so bestimmten Regionen.

5.4.2. Transformation von Matrizen

Hier geht es um methodisch eigenständige Transformationen der Matrix mit spezifischer Zielstellung. Sie dienen einer besseren inhaltlichen Widerspiegelung der Erscheinungen sowie einer besseren methodischen Handhabung und lassen den Typ der Matrix unverändert. In diesem Bereich der Verarbeitung von Strukturmatrizen sind die Transformationsmethoden der praktischen geographischen Forschung weit gefächert.

Etliche Transformationen erlauben Vereinfachung oder lassen eine leichtere und schnellere Verarbeitung zu. Einige Möglichkeiten liegen in der alleinigen Betrachtung der Spalten-Maxima (MCQUITTY, 1957) bzw. der Zeilen-Maxima (NYSTUEN/DACEY, 1961), also in der Konzentration auf einen dominierenden ankommenden bzw. abgehenden Strom. Auch alle Interaktionen jenseits vorgegebener Schwellenwerte (ZABLOCKIJ, 1978; SZYRMER, 1973) können als Wertung starker oder schwacher struktureller Abhängigkeiten einbezogen werden. Bei iterativ wachsenden Schranken (SLATER, 1976) läßt sich der Zerfall des Strukturgraphen simulieren (Dekomposition der Struktur).

Interessieren die Wechselbeziehungen nur in ihrer qualitativen Form und bleiben die Intensitäten (Kantenbewertung des Strukturgraphen) unberücksichtigt, wird zur (0,1)-Matrix (NYSTUEN/DACEY, 1961; MAIK, 1977), also zur relationalen Struktur (vgl. 4.1.1.) übergegangen.

Durch Multiplikation mit einer (0,1)-Matrix der äußeren Bedingungen, z. B. natürliche Bedingungen als Schranken oder Grenzen für die Herausbildung von Wechselbeziehungen (ZABLOCKIJ, 1978), können Strukturmatrizen inhaltlich überformt werden.

Aus inhaltlichen Erwägungen wird auch die Ausgangsmatrix zur Berechnung neuer Kennziffern für die gesamte Matrix verwendet. HOLLINGSWORTH und SLATER berechneten aus der Migrationsmatrix einen neuen Index, den Mobilitätsindex aller Matrixelemente, für die Strukturuntersuchungen (SLATER, 1976).

Die Gruppe der mathematisch-methodischen Transformationen, wie die Normierung der Spalten- oder Zeilensummen (NG, 1969 a, b) oder zur maximalen Spaltensumme (NYSTUEN/DACEY, 1961), sowie die Relativierung auf einheitliche Spalten- und Zeilensummen (SLATER, 1976) sind hier zu erwähnen. Den Möglichkeiten der Normierung, Zentrierung oder Standardisierung, zur besseren Vergleichbarkeit der Daten, sind hier kaum Grenzen gesetzt.

5.4.3. Reduktion und Selektion der Matrixelemente

Das Ziel dieser Methoden besteht darin, die Ausgangsmatrizen derart umzuformen, zu transformieren, zu aggregieren oder zu selektieren, daß die schließlich in Betracht kommenden Kanten, Kopplungen oder Funktionswerte spezifische Strukturformen widerspiegeln. Auch hier können Transformationen angewendet werden, aber nun als Bestandteil einer zielgerichteten Analyse spezifischer Strukturformen und nicht, um erst einmal eine sinnvolle Strukturanalyse zu ermöglichen.

In der Geographie begann die Nutzung der *Faktoranalyse* zur Auswertung quadratischer Matrizen mit den Arbeiten von BERRY Anfang der sechziger Jahre. ILLERIS/PEDERSEN (1968) und CLARK (1973 a, b) publizierten über die Matrizen der Telefonanrufe in Dänemark bzw. Wales sowie GODDARD (1970) über den Taxiverkehr in Zentral-London. Ziel dieser Analyse ist die Reduzierung (Aggregation) der Quell- bzw. Zielgebiete zur Charakterisierung von Einflußgebieten (-zonen). Von ILLERIS/PEDERSEN (1968) wird die quadratische Ziel-Quell-Matrix der Dimension 62 (Anzahl der Distrikte Dänemarks) einer Hauptkomponentenanalyse unterzogen und auf eine 62 X 10 Matrix reduziert. Die 10 Faktoren charakterisieren Aufkommensgebiete (origination fields), die voneinander linear unabhängig und wesentlich auf ein Zentrum (Faktorladung) orientiert sind.

Der Ableitung oder Darstellung bestimmter Strukturformen wesentlich näher kommen jedoch Operationen innerhalb des Matrizenkalküls für quadratische Matrizen bzw. graphentheoretische Methoden und Verfahren. Wie aus der Strukturdefinition (4.1.1.) ersichtlich, werden Sachverhalte mittels Strukturmatrizen bzw. Strukturgraphen, bis auf die Isomorphie, in gleicher Weise dargestellt.

In der geographischen Literatur sind vergleichsweise wenige Beispiele an graphentheoretischen Ansätzen zu finden. Einige *graphentheoretische Ansätze* bzw. *Matrizenoperationen* aus der geographischen Literatur sind jedoch für das hier vertretene Anliegen interessant.

a) Mit Hilfe der von MCQUITTY (1957) entwickelten „elementaren Verbindungsanalyse" wird von den Extremwerten der auf die Spaltenmatrix reduzierten Matrix ausgegangen und jeweils die mit den so ausgewählten Individuen oder Eigenschaften am engsten verbundenen angehangen. Es entstehen meist mehrere isolierte, gerichtete Strukturgraphen von Individuengruppen oder Eigenschaftskomplexen mit einem durch die Funktionswerte ausgedrückten inneren Zusammenhang (vgl. auch WOLLKOPF, 1976). MCQUITTY hat die Methode weiterentwickelt, da die alleinige Berücksichtigung der Spaltenmaxima inhaltliche Probleme aufwirft.

b) Einen fundierten graphentheoretischen Ansatz enthält eine Arbeit von NYSTUEN/DACEY (1961). Unter einigen Voraussetzungen (vgl. 2.4.) nutzen die Autoren eine Matrix der Telefonströme zur Darstellung und Beschreibung der hierarchischen Struktur von Zentren. Neben der Bestimmung der Unterordnung an Hand der auf die Zeilen-Maxima reduzierten Matrix, d. h. Berücksichtigung des dominanten Abgangsstromes, werden auch die indirekten Beziehungen über mehrere Kanten mit einbezogen. Die Matrix der indirekten Beziehungen[1] über k Kanten ergibt sich als k-te Potenz der Ausgangsmatrix (f_{ij}). Widerspiegelt die Ausgangsmatrix eine relationale oder funktionale Struktur und ist die Hauptdiagonale nur mit Eins- bzw. Nullelementen belegt, läßt sich die direkte wie indirekte Beziehungen umfassende Matrix mit Hilfe der Matrizenpotenzreihe in der Form

$$F' = \sum_{k=1}^{\infty} F^k$$

schreiben. Die Potenzreihenentwicklung kann mittels einer algorithmischen Matrizenoperation auch durch einmaliges Abarbeiten der Matrixfelder, d. h. in einem Schritt, ausgeführt werden (STOSCHEK, 1981).

c) Die „Methode oder Matrix der kürzesten Wege" wird in der geographischen Literatur häufig genutzt.
Beispiele sind der SZYRMER-Graph und der Wroclaw-Dendryt (SZYRMER, 1973; CHOJNICKI/CZYZ, 1973; SCHMIDT/MARGRAF, 1976). In beiden Verfahren
dient die Menge der natürlichen Zahlen N als Trägermenge,
wird die Addition als min(a, b) mit Null-Element ∞ und
die Multiplikation als (a+b) mit Eins-Element 0
verwendet (N; min, +, ∞, 0) bzw. für Korrelationsmatrizen nach SCHMIDT/MARGRAF (1976) in der Form (R[0,1]; max, +, ∞, 0) modifiziert.
Die Matrix der kürzesten Wege läßt sich ebenfalls als Matrizenpotenzreihe darstellen, also auch als algorithmische Matrizenoperation in einem Schritt erzeugen.
Der Unterschied beider Verfahren besteht lediglich darin, daß der Wroclaw-Dendryt eine graphisch kreisfreie Darstellung erfordert, so daß die Lösung mehrdeutig wird.

5.5. Spezifische Verarbeitungsschritte und -stufen zur Analyse hierarchischer Strukturen

Ausgehend vom methodischen Grundgerüst der quantitativen geographischen Strukturanalyse (Abb. 16), sind die Verarbeitungsschritte inhaltlich-methodisch so zu präzisieren, daß sie zur beschreibenden Strukturformmatrix der Hierarchie führen (Abb. 19). Einer inhaltlichen Präzisierung bedarf vor allem der

1 Vgl. die Kritik von STEPHENSON, 1974.

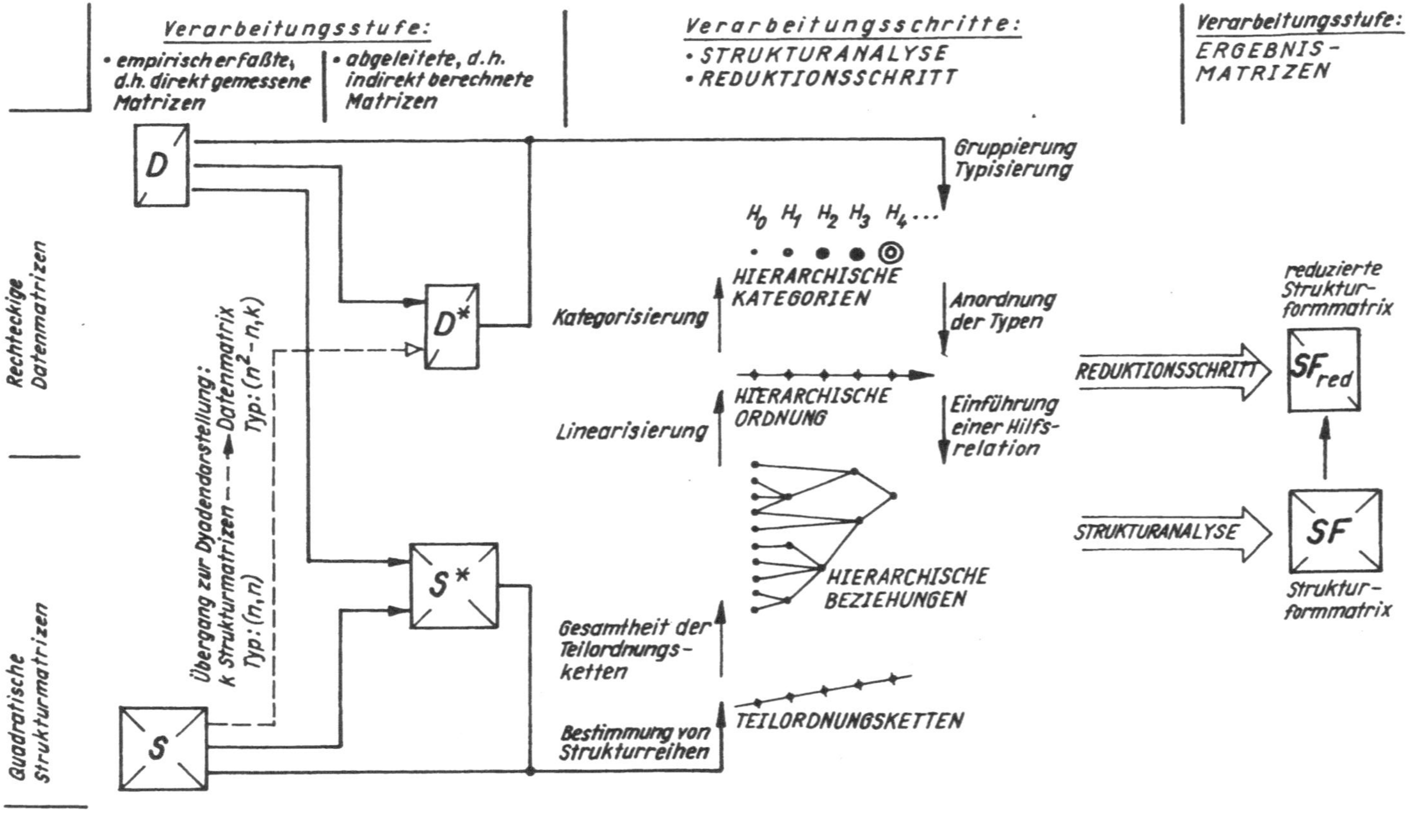

Abb. 19. Quantitative Strukturanalyse von Hierarchien

Verarbeitungsschritt „Strukturanalyse" von der Struktur- zur Strukturformmatrix. Diese ergibt sich aus der Charakteristik und Definition der hierarchischen Struktur als spezifische Ordnungsstruktur (Kap. 2 und 3). Dazu wird das Gesamtziel, die Ermittlung von Hierarchien, in die inhaltlichen Teilprobleme, Bestimmung der hierarchischen Beziehungen, der hierarchischen Ordnung und der hierarchischen Kategorien, zerlegt. Reihenfolge sowie Art und Weise der Lösung dieser Teilprobleme sind wesentlich durch die Ausgangsmatrix bedingt. Da die (n,m)-Datenmatrix durch entsprechende Transformationen in eine quadratische Strukturmatrix — und umgekehrt — überführt werden kann, entscheidet der Anwender die Verfahrensweise.

1. Sofern die Ausgangsmatrix eine *quadratische Strukturmatrix* ist, entwickelt sich folgender Verfahrensweg:
   a) Ermittlung der Teilordnungsketten (Strukturreihen), die in ihrer Gesamtheit die hierarchischen Beziehungen und damit die Strukturformmatrix bedingen,
   b) Linearisierung zur Ergründung der hierarchischen Ordnung,
   c) Bestimmung der hierarchischen Kategorien, die die reduzierte Strukturformmatrix als „Hierarchiestufen" gemeinsam widerspiegeln.
2. Wenn die Ausgangsmatrix eine *(n,m)-Datenmatrix* ist, dann entwickelt sich der Ablauf folgendermaßen:
   a) Gruppierung bzw. Typisierung zur Bestimmung der hierarchischen Kategorien,
   b) hierarchische (An-)Ordnung der Gruppen oder Typen, die gemeinsam die reduzierte Strukturformmatrix der „Hierarchiestufen" ergeben,
   c) Einführung einer Hilfsrelation zwischen den Elementen unterschiedlicher Hierarchiestufen als hierarchisches Beziehungsgeflecht.

Die Verfahrenswege ähneln einander, nur der Ansatz und folglich die Richtung des Ablaufes werden von der Ausgangsmatrix bestimmt.

Mögliche Aufgaben

1. Gegeben: Datenmatrix, d. h.
   eine (n x m)-Eigenschaftsmatrix
   mit n Individuen
   und m Eigenschaften;
   Gesucht: a) Kategorisierung (Zerlegung) der Individuenmenge, also Anwendung taxonomischer Gruppierungsverfahren;
   b) Bestimmung der Anordnung der Gruppen, d. h. Quantifizierung oder Messung der anordnenden Beziehungen (Homogenität, Zentralität, . . .) in wenigstens ordinal skalierter Form, z. T. über Stellvertretergrößen mittels
      Faktoranalyse (Hauptfaktor) oder
      Projektion auf eine Gerade,

c) Strukturierung des Beziehungsgeflechtes auf der Grundlage der bestimmten Anordnung, d. h.
   Verknüpfung gemäß der räumlichen Distanz (Hilfsrelation) zu einem Objekt der nächsthöheren Gruppe.

2. Gegeben: empirische Strukturmatrix, d. h.
   eine (n x n)-Matrix (quadratisch) der Beziehungen zwischen den n Individuen;

   Gesucht: a) Bestimmung der Beziehungen, die einem theoretischen Konzept der Unter- und Überordnung folgen, d. h.
   Anwendung von mengentheoretischen Vor- und Nachbereichsbetrachtungen der als Relation betrachteten Beziehungen;

   b) Anordnung und Zerlegung der Individuengruppen in Hierarchiestufen, mithin
   Linearisierung und Kategorisierung des Beziehungsgeflechtes.

6. Das Programm HIERAN – eine rechentechnische Realisierung zum Nachweis hierarchischer Strukturen

Die theoretisch-methodologischen Vorüberlegungen sind Basis und Voraussetzung einer sachgerechten, algorithmisch-rechentechnischen Umsetzung.

Bezweckt wird die Abwägung der Modalitäten für die rechentechnische Verifizierung bereits bewährter Ideen, damit sie einer möglichst breiten und vielseitigen Anwendung zugänglich werden.

6.1. Probleme, Aufgaben und Ziel des Programms HIERAN

Das Ziel des Programms HIERAN (HIERarchische ANalyse) ergibt sich aus der Konzentration auf die Analyse des Quell-Ziel-Verhaltens als hierarchisches Organisationsprinzip innerhalb der Zentralorttheorie. Dieses Konzept liefert den hier zu realisierenden konkreten Fall einer zielgerichteten, quantitativen Analyse hierarchischer Strukturen. Dafür sind folgende Teilaufgaben zu lösen (vgl. 4.2. und 4.3.):

a) Herauslösen des einem bestimmten hierarchischen Ordnungsprinzips folgenden Teils der empirischen Struktur;
b) Nachweis der eine Hierarchie definierenden Charakteristika
   - hierarchisches Beziehungsgeflecht,
   - hierarchische Ordnung und
   - hierarchische Kategorien

   mittels der rekursiv definierten Bestimmung von Strukturreihen;
c) Einschätzung, in welchem Umfang die empirische Struktur dem hierarchischen Ordnungsprinzip folgt.

Aus der Anwendbarkeit des Analysealgorithmus auf quadratische (Quell-Ziel-)Strukturmatrizen resultieren einige methodische Aufgaben. Nach dem Schema zur quantitativen Analyse (Abb. 16) beschränkt sich die allgemeine Verarbeitungsfähigkeit nicht allein auf inhaltliche Verarbeitungsschritte. Zur Datenbereitstellung und -darstellung für die Ausgangs- und die Ergebnismatrix sind nicht minder wichtige Aufgaben zu bewältigen.

Die rechentechnische Lösung basiert auf der Unterprogrammtechnik (Tab. 1). Jedes Unterprogramm löst spezielle inhaltliche oder methodische Aufgaben, deren Spezifizierung, Reihenfolge, Abarbeitung usw. vom Hauptprogramm gesteuert wird. Die Untergliederung in Unterprogramme und deren innerer Aufbau folgen sowohl den Verarbeitungsstufen und -schritten der Analyse hierarchischer Strukturen (5.5.) als auch innerhalb einzelner Verarbeitungsschritte einer inhaltlich-sachlichen Zerlegung in Teilaufgaben.

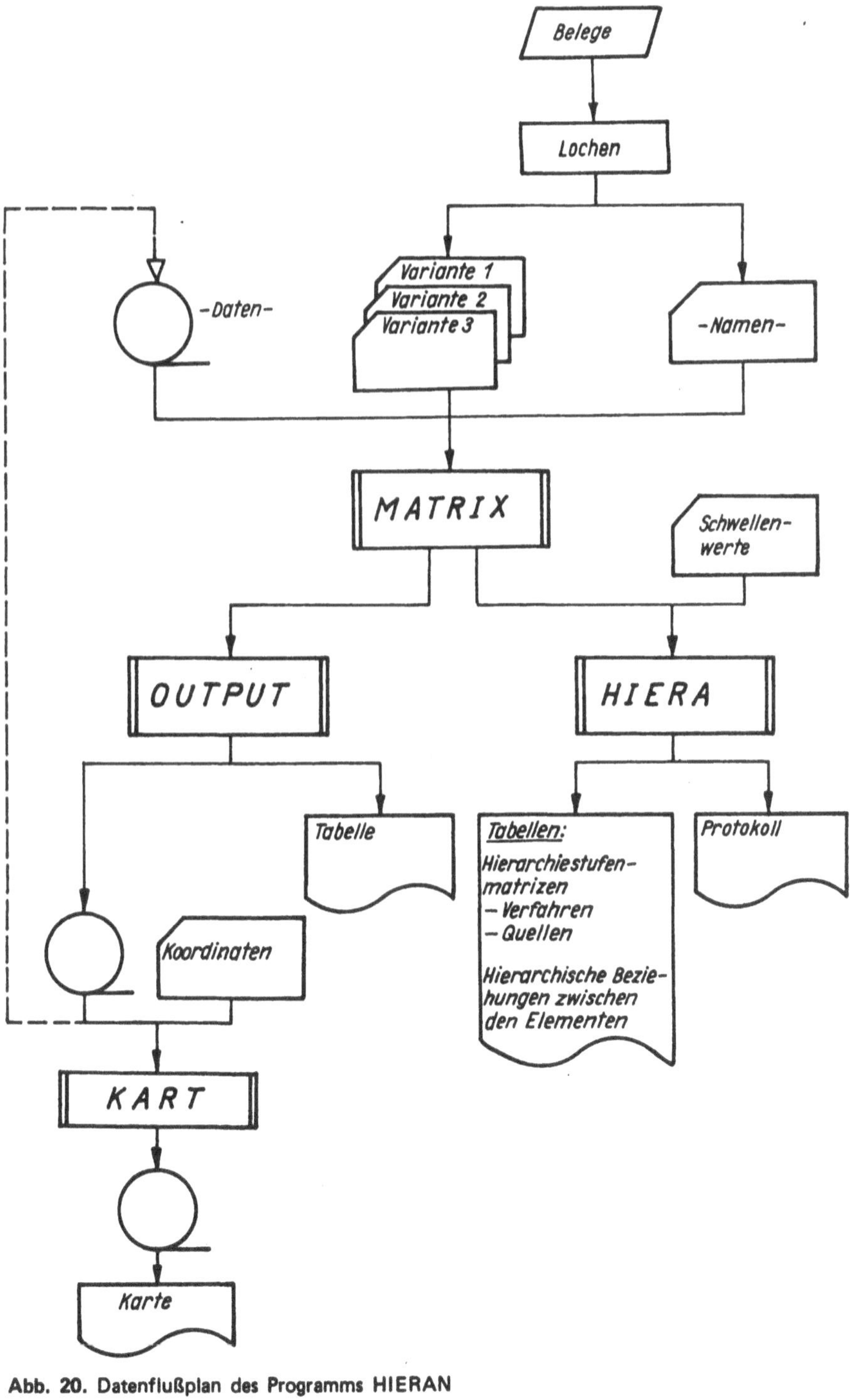

Abb. 20. Datenflußplan des Programms HIERAN

Tabelle 1
Aufgaben und Ziele der Programmteile (vgl. auch Datenflußplan Abb. 20)

Name	Ziel Ergebnis	Aufgaben
Hauptprogramm:		
HIERAN	Steuerung des Programmablaufes	– Parameter einlesen, – Speicherplatzorganisation, – Unterprogrammaufruf: MATRIX, HIERA, – Protokoll;
Unterprogramme:		
MATRIX	Datenerfassung; Strukturmatrix;	– Daten einlesen, – (Namen einlesen), – (Kennzeichnung der Zielobjekte einlesen), – Aufbau der empirischen Strukturmatrix, – (Unterprogrammaufruf: OUTPUT, KART), – Protokoll, – Fehlermengen;
OUTPUT	Datendarstellung; Druckdatei;	– Druck der Daten in Matrixform, – Protokoll;
KART	Datendarstellung; Digigrafdatei;	– Zeichenparameter einlesen, – Koordinaten einlesen, – Aufbau der Datenvektoren, – Erstellung der Zeichendatei für den Digigraf (Karte) – Protokoll;
HIERA	Strukturanalyse; Strukturformmatrix;	– Auswahl der hierarchischen Beziehungen aus der empirischen Strukturmatrix, – Druck des hierarchischen Beziehungsgeflechtes für jeden Zielort,
	Reduktionsschritt;	– Zuordnung zu den Hierarchiestufen, – Druck der Hierarchiestufenmatrix, – Gewährleistung der Konvergenz des Verfahrens, – Protokoll, – Fehlermeldungen

6.1.1. Probleme und Aufgaben der rechentechnischen Umsetzung

1. Datenbereitstellung

Da in praxisbezogenen Analysen meist größere Datenmengen erfaßt und aufbereitet werden müssen, sollte das die Daten einlesende und die Strukturmatrix aufbauende Unterprogramm MATRIX mehrere Varianten der Datenerfassung berücksichtigen. Je nach Vorlage, kann damit der EDV-gerechte Erfassungsaufwand so gering wie nötig und möglich gehalten werden.

Im Programm MATRIX werden neben der Bereitstellung bereits erfaßter empirischer Strukturmatrizen auf einer Magnetbanddatei (MB) drei Lochkarten (LK) -Einlesevarianten berücksichtigt:

- $(q_i, L1 \times (z_j, f_{ij}))$
- $(z_j, L2 \times (q_i, f_{ij}))$
- $(L3 \times (q_i, z_j, f_{ij}))$

mit $i = 1, \ldots, n$	Auswahl der Quellorte q_i
$j = 1, \ldots, n$	Auswahl der Zielorte z_j
$L1, L2, L3 \in N$	Konstanten für das Fassungsvermögen der Lochkarten.

Damit werden annähernd alle sinnvollen Formen einer listenmäßigen Aufbereitung der empirischen Strukturmatrix berücksichtigt.

Die aus der rechentechnischen Umsetzung des Analysealgorithmus notwendig werdende Datenorganisation ist auch für das Unterprogramm MATRIX geeignet zu gestalten. Spezielle Aufgaben resultieren aus folgenden Problemen:

a) Soll die inhaltliche Abarbeitung der empirischen Strukturmatrix sequentiell oder im Direktzugriff realisiert werden?
b) Kann der Direktzugriff mittels einer entsprechenden Organisation des Hauptspeichers oder durch externe Speichermedien ermöglicht werden?
c) Wie lassen sich generell speicherplatzsparende Aufbauvarianten der empirischen Strukturmatrix im Hauptspeicher organisieren?

Die Strukturmatrix ist im Hauptspeicher vollständig zugriffsbereit. Beschränkungen hinsichtlich der verarbeitbaren Größe der Strukturmatrizen werden dadurch gemindert, daß nur die um Leerspalten reduzierte Strukturmatrix abgespeichert wird. Damit wird die Verarbeitung einiger den vorhandenen Speicherplatz überschreitender quadratischer Strukturmatrizen ermöglicht.

Die Datenspeicherung selbst sollte, je nach Bedarf, auf schnell zugänglichen Speichermedien wie Magnetband oder Magnetplatte (MP) erfolgen. Damit ist eine mehrfache und schnelle Nutzung der EDV-gerecht erfaßten Daten gewährleistet.

Diese Forderung läßt sich im allgemeinen bereits über die JOB-Steuerung des Betriebssystems bzw. über Dienstprogramme entsprechend variieren.

2. Datendarstellung

Eine nutzerfreundliche Realisierung erfordert Möglichkeiten der Datendarstellung.

Sie dienen der Übersicht über die Datenstruktur und der Kontrolle und Suche von Datenfehlern. Neben der üblichen tabellarischen oder listenmäßigen Aufbereitung bzw. graphischen Darstellung werden in der Geographie vor allem kartographische Umsetzungen bevorzugt.

Im Programm werden die Ausgangsdaten der Matrixform (Quell-Ziel-Matrix) und die Ergebnisse des Analysealgorithmus tabellarisch erfaßt (listings). Ferner ist der Anschluß zu einem vorhandenen graphischen Zeichenprogramm zur linienhaften kartographischen Darstellung von Interaktionen zwischen zwei Punkten (Siedlungen) sowohl quell- als auch zielorientiert hergestellt (vgl. Abb. 21 – siehe Anlage, sowie GRUNDMANN u. a., 1985).

3. Inhaltliche Datenverarbeitung

Auch für die inhaltliche Datenverarbeitung ergeben sich formal-methodische Forderungen.

Obwohl der Analysealgorithmus dem Nachweis einer bestimmten Strukturform dient, muß die Verarbeitungsfähigkeit aller Datenmengen, die den Anforderungen entsprechen, gewährleistet sein.

Im Programm kann jede beliebige quadratische Datenmatrix verarbeitet werden, ohne daß es ergebnislos „abstürzt". Auch die dem hierarchischen Prinzip der Unter- bzw. Überordnung widersprechenden symmetrischen Telefonmatrizen sind damit verarbeitet worden.

Neben der Herausfilterung der dem theoretischen Konzept folgenden Beziehungen aus der empirischen Gesamtstruktur, als spezifisches Ziel des Algorithmus, sollten auch die vom theoretischen Gerüst abweichenden Relationen registriert werden.

Im Unterprogramm HIERA werden deshalb die dem Quell-Ziel-Konzept der Unter- bzw. Überordnung widersprechenden Beziehungen im Protokoll ausgelistet. Der Anteil der Verletzungen bildet gleichzeitig die Grundlage für die Einschätzung des Grades der hierarchischen Strukturierung einer empirischen Strukturmatrix.

Trotz der berechtigt hohen Anforderungen an eine nutzerfreundliche rechentechnische Realisierung ist eine abschließende Relativierung unumgänglich. Abgesehen von den formal möglichen Varianten, wird es wohl kaum ein Programm geben, das alle sinnvollen Varianten berücksichtigt. Dies ist durch den Kenntnisstand und die Effektivitätsanforderungen an die Programmierung bedingt.

4. Ausbau- und Anpassungsfähigkeit

Gemeint sind vor allem inhaltliche Erweiterungsmöglichkeiten bezüglich theoretischer Konzeptionen und ihrer rechentechnischen Realisierung mittels

a) parametergesteuerter Verzweigungen im vorhandenen Programm,
b) Ausbau des inhaltlichen Verarbeitungsprogramms durch Programmversionen und
c) Ergänzung um weitere Programme zu einem einheitlichen Programmsystem.

6.1.2. Inhaltliche Probleme der Realisierung des Unterprogramms HIERA

Die Unterprogramme MATRIX, OUTPUT und KART zur Datenbereitstellung bzw. -darstellung, haben mit der vorwiegend formalen Datenbehandlung ein verallgemeinertes, für unterschiedliche inhaltliche Probleme nutzbares Ziel. Das Unterprogramm HIERA (HIERArchie) realisiert hingegen ein sehr spezielles inhaltliches Ziel. Es bildet das inhaltliche Kernstück des Programms HIERAN. Die Ziele des Unterprogramms HIERA bestehen

a) in der *Strukturanalyse,* basierend auf dem Quell-Ziel-Verhalten als theoretischem Konzept der Unter- bzw. Überordnung und
b) in der *Reduktion* jener durch das theoretische Konzept zumindest definitiv bestimmten Strukturformmatrix hierarchischer Beziehungen zur reduzierten Strukturmatrix von Hierarchiestufen als lineares Bild des Beziehungsgeflechtes. Dem Reduktionsschritt liegt eine linearisierende und rekursiv definierbare Hierarchiefunktion zugrunde.

Bereits bei der Realisierung der speziellen Auswahl hierarchischer Beziehungen auf der Grundlage des theoretischen Konzeptes tritt ein erstes fachspezifisches Problem auf. So lassen sich alle Charakteristika einer Hierarchie an Hand der herauszulösenden Teilordnungsketten (Strukturreihen) der Strukturmatrix ableiten. Zu deren Bestimmung sind formal zwei an sich duale Wege möglich (Abb. 22), die aber fachspezifische Besonderheiten aufweisen.
Zur Herleitung des Analysealgorithmus wurde der Weg der sukzessiven Nachfolgerbildung (Unterordnung) nach inhaltlichen Überlegungen beschritten: Wird mit der Bestimmung der minimalen Elemente, d. h. den Siedlungen der unteren Hierarchiestufe, die *nur* als Quellort auftreten, begonnen, dann lassen sich diese bereits quantitativ (d. h. mittels der ja/nein-Existenz von Beziehungen) einfach und schnell von den *auch* als Zielort auftretenden Siedlungen höherer Stufe trennen.
Im umgekehrten Fall existiert oft kein maximales Element. Die höherrangigen Zentren sind z. T. so stark miteinander verknüpft, daß zur Entscheidung der Überordnung die quantitativ belegte Intensität der Beziehungen, z. B. durch Schwellenwerte, einbezogen werden muß. Diese würden das Verfahren in den ersten Iterationsschritten, bei der Verarbeitung von noch relativ großen Teilmengen einzuordnender Siedlungen, unnütz belasten.

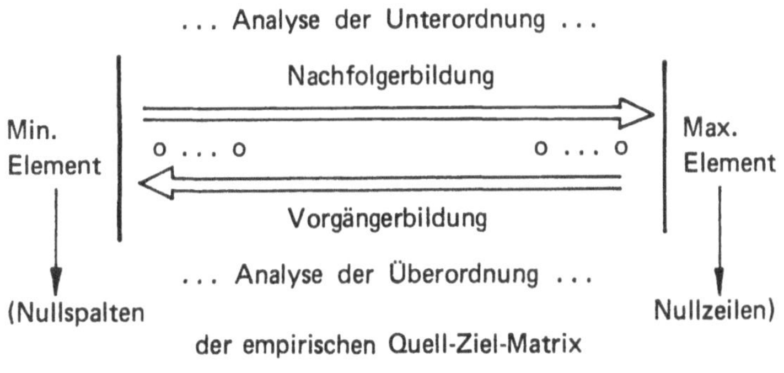

Abb. 22. Bestimmung der Teilordnungsketten

Gemäß dem angestrebten Ziel läßt sich die Aufgabe wie folgt formulieren:

Gegeben: a) *Ausgangsmatrix,*
die empirisch erfaßte Strukturmatrix (F),
d. h. eine quadratische (n x n)-Matrix von Quell-Ziel-Beziehungen zwischen n Siedlungen.

b) *Theoretisches Konzept* der Unterordnung,
d. h. der Ausgangsort (Quellort) der Beziehungen ist dem zentraleren Ort (Zielort) untergeordnet ($q_i < z_j$)

Gesucht: a) *Strukturformmatrix,*
also die Matrix der herauszulösenden hierarchischen Beziehungen. Auswahl der hierarchischen Beziehungen aus der empirischen Strukturmatrix an Hand der durch das theoretische Konzept definierten paarweisen Unterordnung. Die Ergebnismatrix ist eine (n x n)-Strukturformmatrix zur Widerspiegelung des hierarchischen Beziehungsgeflechtes.

b) *Grad der Hierarchisierung* der empirischen Struktur:
Einschätzung, in welchem Maße die empirische Strukturmatrix dem angenommen hierarchischen Organisationsprinzip folgt, z. B. durch den Vergleich des Umfanges der aufbereiteten, hierarchischen Struktur(form)matrix mit der gegebenen empirischen Strukturmatrix.

c) *Reduzierte Strukturmatrix,*
also die Matrix der Hierarchiestufen (Tab. 2),
d. h. eine (n x k)-Matrix zur Charakterisierung der n untersuchten Siedlungen in einer k-stufigen Hierarchie.

Lösung: Iterative algorithmisch-rechentechnische Umsetzung der rekursiv definierten Hierarchiefunktion (4.3.), die alle Charakteristika der Hierarchie verkörpert.

1. Schritt:
Bestimmung der minimalen Elemente

$e_{min} \in HS_0 \Longleftrightarrow f(e_i, e_{min}) = 0$ f.a. $i = 1, \ldots, n$

2. Schritt:
Sukzessive Bestimmung des Nachfolgers

$e_j \in HS_{k+1} \Longleftrightarrow$
$e_j \in HS_k$ und es ex. ein $e_i \in HS_k$ mit $f(e_i, e_j) \neq 0$

Dabei gelten:

$E = \{e_i / i = 1, \ldots, N\}$ Menge der untersuchten Siedlungen
$f(e_i, e_j)$ = empirische Strukturmatrix $i,j = 1, \ldots, N$
HS_k = Hierarchiestufen mit $k = 1, \ldots, K$

Dabei gelten:

$$E = \bigcup_{k=0}^{K} HS_k$$

$$E \supseteq HS_0 \supseteq HS_1 \supseteq \ldots \supseteq HS_k \supseteq HS_{K-1} \supseteq HS_K$$

Verbal läßt sich das Verfahren folgendermaßen beschreiben: Durch das Datenerfassungs- und -organisationsprogramm MATRIX wird eine empirisch erfaßte Strukturmatrix dem fachspezifischen Analysealgorithmus zugeführt. Das theoretische Konzept der Unterordnung bestimmt als Entscheidungshilfe definitiv die Strukturformmatrix des hierarchischen Beziehungsgeflechtes. Die Relativität der paarweise definierten Unterordnung ausnutzend, realisiert der Algorithmus sowohl die konkrete Auswahl des Beziehungsgeflechtes aus der empirischen Strukturmatrix als Summe von Teilordnungsketten als auch die Linearisierung des hierarchischen Beziehungsgeflechtes zur reduzierten Strukturmatrix der Hierarchiestufen.

6.1.2.1. Hierarchiestufenmatrix

Gemäß der Zielstellung und dem rekursiv definierten Analysealgorithmus sind die Analyse hierarchischer Strukturen und der Reduktionsschritt zur Bestimmung der Hierarchiestufen auszuführen. Die inhaltliche Verarbeitung durch das Unterprogramm beginnt demzufolge bei der empirisch erfaßten Quell-Ziel-Matrix, d. h. bei der Strukturmatrix als derjenigen Verarbeitungsstufe, von der ausgegangen wird, und endet bei der Hierarchiestufenmatrix (Tab. 2), also bei der reduzierten Strukturmatrix als anzustrebender Verarbeitungsstufe.

Tabelle 2
Die reduzierte Strukturformmatrix der Hierarchiestufen
(Verfahrensmatrix)

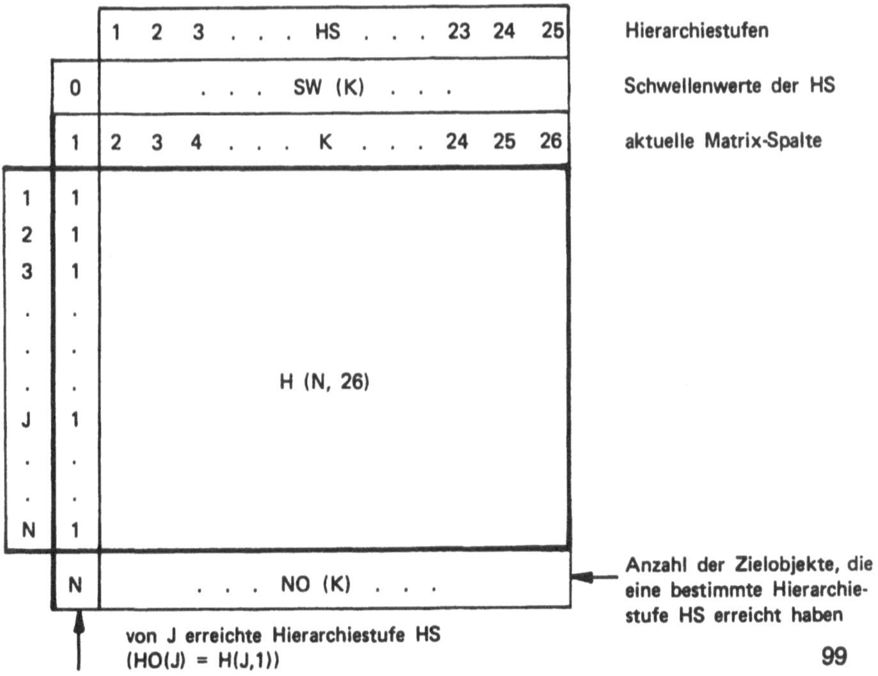

Die programmtechnische Umsetzung wird damit wesentlich von der Gestaltung der Hierarchiestufenmatrix als neu zu schaffender Informationsbasis bestimmt. Zusammen mit der vorhandenen Quell-Ziel-Matrix müssen die in der Hierarchiestufenmatrix aufbereiteten Informationen zur Lösung der spezifischen Analyseaufgaben von Hierarchien ausreichen. Der Aufbau der Hierarchiestufenmatrix wird damit zum zentralen Teil des Unterprogramms, so daß diese auch als die eigentliche Verfahrensmatrix anzusehen ist.

Fraglich ist, welche inhaltlichen Informationen die Hierarchiestufenmatrix, also die Verfahrensmatrix, gemäß dem Ziel, direkt oder indirekt zugänglich machen muß:

a) In der Absicht, jede Siedlung einer Hierarchiestufe zuzuordnen, führt die iterative Ausführung der Rekursionsschritte zu einer sukzessiven Folge von Hierarchiestufen als Ausdruck der Strukturreihen. Die Kopfzeile bzw. -spalte besteht somit aus

   den K erreichbaren Hierarchiestufen zur Spaltendefinition bzw.

   den N zuzuordnenden Siedlungen zur Zeilendefinition

   der Matrix. Die Hierarchiestufenmatrix (H) erhält damit die Dimension (N×K).

b) Da für die Speicherung (Registrierung) der analysierten Zuordnung zu einer Hierarchiestufe nur ein Zuordnungsvektor der Länge N (= Anzahl der Siedlungen) erforderlich ist, lassen sich in der Hierarchiestufenmatrix wesentlich mehr bei der Abarbeitung des Algorithmus anfallende Informationen abspeichern. Hier wurden die Matrixelemente wie folgt definiert und bestimmt:

   $H_{(j,k)}$ Anzahl der untergeordneten Siedlungen (Quellorte) des Zielortes j, deren Rang größer oder gleich k-1 ist und damit den Rang des Zielortes j auf k erhöhen. Bei

   $H_{(j,k)}$ = 0 ist die Siedlung j nicht mehr Zielort; sie kann die Hierarchiestufenleiter nicht höher klettern und ist durch den letzten von Null verschiedenen Wert der j. Zeile eindeutig einer Hierarchiestufe zugeordnet.

Die Verfahrensmatrix reflektiert also nicht nur die Hierarchiestufen der einzelnen Siedlungen, sondern im Umfang auch das gesamte hierarchische Beziehungsgeflecht. Die direkte Beziehung zwischen den Siedlungen der einzelnen Hierarchiestufen wird dann mit der Quell-Ziel-Matrix hergestellt.

c) Die „Spaltensumme"

   $NO(k) = | \{H(j,k) \;/\; H(j,k) \neq 0 \text{ für alle } j = 1, \ldots, N\} |$

   dient als Information darüber, wieviele Siedlungen die k. Hierarchiestufen erreicht haben. Sie verbleiben zur eindeutigen Zuordnung im Iterationsprozeß. Da ein Teil der Siedlungen im Iterationsprozeß noch höhere Ränge erreichen könnte, ergibt sich die exakte Siedlungsanzahl der k. Hierarchiestufe aus NO(k) – NO(k+1).

d) Die „Zeilensumme"
$HO(j) = \max \{k / H(j,k) \neq 0$ für alle $k = 1, \ldots, K\}$
dient als Zuordnungsvektor, der jeder Siedlung eine Hierarchiestufe zuordnet.

Aus drucktechnischen Gründen wurde die Anzahl der Hierarchiestufen im Programm auf 25 (+ 0. Hierarchiestufe) beschränkt. Mit den 156 Druckzeichen pro Zeile läßt sich die Hierarchiestufenmatrix als Ganzes über den Schnelldrucker auslisten (vgl. Tab. 3).

Unter Verwendung der Quell-Ziel-Matrix kann das hierarchische Beziehungsgeflecht ausgelistet werden. Das betrifft die jeder Siedlung untergeordneten Siedlungen (Tab. 5). Somit ist nicht nur die Reduktion zu den Hierarchiestufen, sondern – mit der Bestimmung des hierarchischen Beziehungsgeflechtes – auch die hierarchische Strukturanalyse allgemein ausgeführt.

6.1.2.2. Programmablaufplan

Nach der Zielstellung, den daraus abgeleiteten Aufgaben und der Entwicklung des Lösungsalgorithmus folgt mit der Aufstellung des Programmablaufplanes (Abb. 23) der eigentliche, die inhaltliche Problematik berücksichtigende Schritt zur rechentechnischen Umsetzung. Alle weiteren Schritte sind weitestgehend von den technischen Gegebenheiten der Rechenanlage, der Programmiersprache und weiteren Rahmenbedingungen geprägt. Hier interessieren jedoch nur inhaltliche Probleme der Umsetzung des Algorithmus.

Die zwei Problemkreise, die bei der Umsetzung des Analysealgorithmus bezüglich der inhaltlichen Verarbeitung hervortreten, beeinflussen wegen ihrer Variabilität die Struktur des Programms unterschiedlich:

1. *Realisierung der primitiven Rekursion*
Entsprechend dem Wesen einer primitiven Rekursion (vgl. 4.3.), muß zur Konstruktion bzw. Bestimmung der k. Hierarchiestufe ein direkter Bezug zur bereits konstruierten, unmittelbar vorangehenden k-1. Hierarchiestufe hergestellt werden. Dieser Bezug wird mittels zweier in sich geschachtelter Schleifen realisiert (vgl. Abb. 23). Die Zugehörigkeit zu der im vorangegangenen Schritt bestimmten k-1. Hierarchiestufe testend, liefert die äußere Schleife die potentiellen Zielorte. Die innere Schleife sucht in analoger Weise die potentiellen Quellorte für den gerade in der Abarbeitung der äußeren Schleife befindlichen Zielort. Kann mit Hilfe der Quell-Ziel-Matrix die Existenz einer Beziehung zwischen den potentiellen Quell- und Zielorten nachgewiesen werden, wird das geordnete Paar (e_i, e_j) einschließlich der eventuell erfaßten Intensität (f_{ij}) der Entscheidung über die Unter- bzw. Überordnung zugeführt.

Die Struktur des Programms wird damit vom Prinzip der primitiven Rekursion bestimmt.

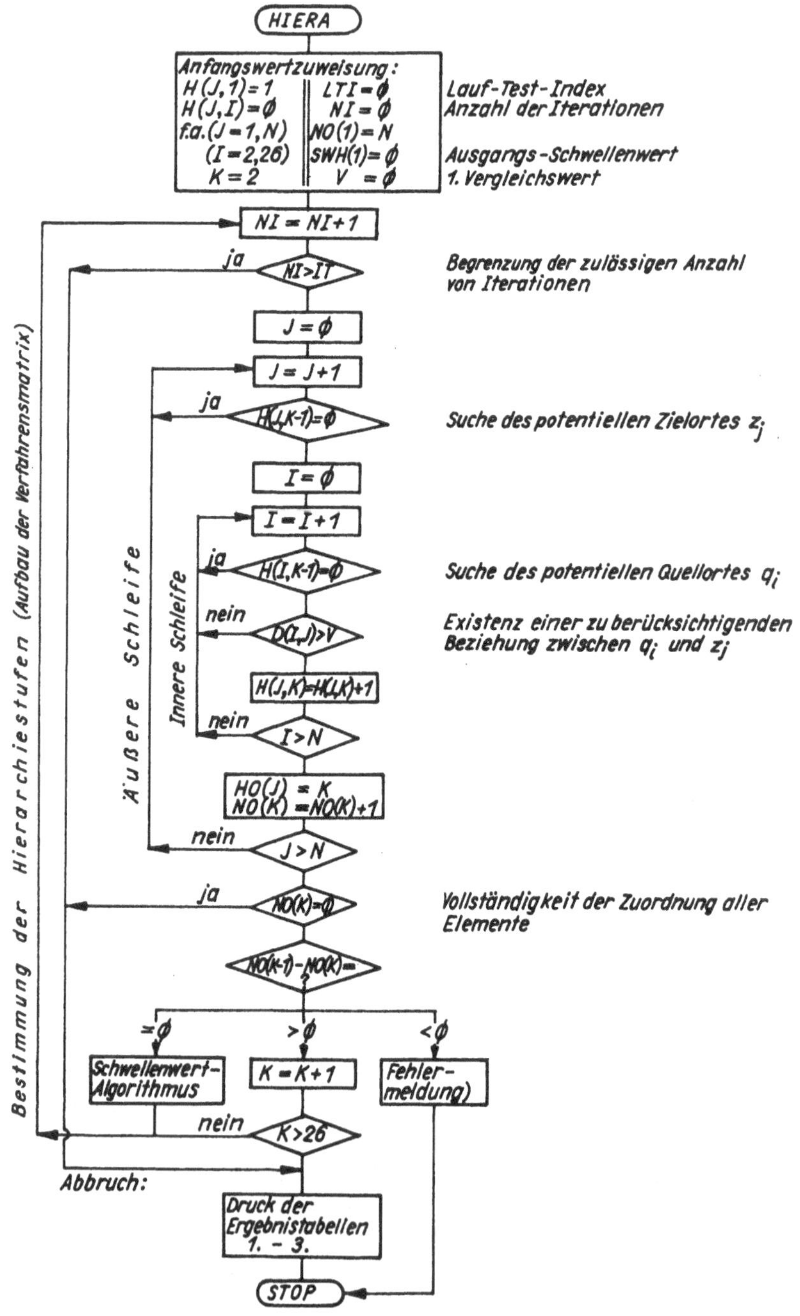

Abb. 23. Programmablaufplan (PAP) des Unterprogramms HIERA

2. *Entscheidung über die Unter- bzw. Überordnung*
Ist eine Beziehung zwischen den potentiellen Quell- und Zielorten nachgewiesen, gilt es zu entscheiden, wer wem untergeordnet ist. In der vorliegenden Realisierung wird, dem theoretischen Konzept entsprechend, der Quellort dem Zielort untergeordnet.

Es sind auch andere Entscheidungskriterien möglich (s. auch 2.4.). NYSTUEN/DACEY (1961) entscheiden die Unterordnung und damit die Anordnung der e_i, e_j unter Ausnutzung der „kleiner-gleich"-Relation über das Zielaufkommen gemäß:

$$e_i \text{ ist } e_j \text{ untergeordnet, wenn } \sum_{l=1}^{N} f_{li} < \sum_{l=1}^{N} f_{lj} \text{ ist.}$$

Da sich derartige Entscheidungen mit sehr wenigen Anweisungen realisieren lassen – zumeist mit einer IF-Anweisung – ist das Programm bezüglich der theoretischen Konzepte von Unter- und Überordnung variabel und damit ausbaufähig.

Diese beiden, die Programmstruktur prägenden Probleme lassen für die Operationalisierung fachspezifischer Entscheidungen oder Theorien eine gewisse Variabilität zu, sind jedoch für die programmtechnische Umsetzung als feste Voraussetzungen und Annahmen anzusehen.

Gemäß der Entscheidung über die Unter- bzw. Überordnung werden die sich daraus ergebenden Informationen über die spezifische Struktur gesammelt, so daß die Hierarchiestufenmatrix damit schrittweise aufgebaut werden kann:

a) Der übergeordnete Ort klettert eine Hierarchiestufe höher: HO(j) = k.
b) Er bekommt eine weitere, ihm untergeordnete Siedlung hinzuaddiert: H(j,k) = H(j,k) + 1.
c) Die Anzahl der Siedlungen, die die k. Hierarchiestufe erreicht haben, wird um eine erhöht: NO(k) = NO(k) + 1.

Mit der Abarbeitung der äußeren Schleife ist der Schritt zur Bestimmung der k. Hierarchiestufe beendet, so daß in einem weiteren Schritt die (k+1). Hierarchiestufe bestimmt werden kann. Die Abarbeitung der Quell-Ziel-Matrix bzw. der Aufbau der Hierarchiestufenmatrix ist beendet, wenn alle Siedlungen einer Hierarchiestufe zugeordnet sind, d. h. NO(k) = 0.

Wird von der Existenz einer Hierarchie ausgegangen, bricht das Verfahren in endlichen Schritten ab. Im Interesse der allgemeinen Anwendbarkeit des Verfahrens wird diese Existenz jedoch nicht vorausgesetzt, so daß zur Sicherheit Abbruchskriterien eingebaut wurden. Ist die Anzahl der Schritte endlich, aber sehr groß, wird sie durch die maximale Anzahl von 25 Hierarchiestufen begrenzt. Gerät das Verfahren bereits vorher in eine endlose Schleife, dann wird nach maximal 50 Iterationen abgebrochen. Nach Abbruch wird der jeweils erreichte Stand dokumentiert.

6.1.2.3. Zur Konvergenz des Algorithmus

Die Vorstellungen von einer reinen Hierarchie garantieren normalerweise die Konvergenz des Verfahrens. In endlichen Schritten strebt es hierarchischen Zentren an der Spitze zu, die niemandem untergeordnet sind. Die empirischen Strukturen der Praxis sind in dieser Reinheit nur selten gegeben. So können z. B.

a) transitive Überbrückungen auftreten,
b) Hierarchiestufen innerhalb von Strukturreihen wegen spezifischer räumlicher Ordnungsmuster nicht auftreten oder
c) Elemente sich gegenseitig aufschaukeln, so daß das Verfahren nicht konvergiert.

Die Aufschaukelungen können zufällig sein oder inhaltliche Ursachen (funktionale Einheiten) haben. Empirische Quell-Ziel-Strukturen müssen nicht nur hierarchisch, sie können auch ringförmig ausgeprägt sein. Deshalb müssen Möglichkeiten geschaffen werden, diese Aufschaukelungseffekte, je nach Inhalt, zuzulassen oder zu negieren.

Um die Konvergenz zu gewährleisten, müssen die nach jedem Rekursionsschritt verbleibenden, noch zuzuordnenden Elemente abnehmen. Dies ist zu testen. Die vorgesehenen Testmöglichkeiten variieren zwischen zwei Extremfällen:

Das Konvergenzkriterium I
wird auf das Gesamtsystem der zu untersuchenden Siedlungen angewendet und garantiert, daß die Anzahl der die nächste Hierarchiestufe erreichenden Siedlungen streng monoton fällt, d. h.

$$N = NO(0) > NO(1) > \ldots > NO(K-1) > NO(K) = 0.$$

Das Konvergenzkriterium II
wird auf die Teilsysteme, d. h. die Quellstruktur eines jeden Zielortes, angewendet, ist wesentlich strenger und führt schneller zum Ende des Verfahrens. Es garantiert, daß die Anzahl der Quellorte, die den Zielort von Hierarchiestufe zu Hierarchiestufe weiterschieben, streng monoton fällt, d. h.

$$H(j,1) > H(j,2) > \ldots > H(j,HO(j)) > H(j,HO(j)+1) = 0.$$

Soll die strenge Monotonie für das Konvergenzkriterium II etwas abgeschwächt werden, indem Aufschaukelungen *ab* einer, *bis zu* einer oder *für genau* eine bestimmte Anzahl daran beteiligter Siedlungen zugelassen werden, läßt sich dies mit Hilfe des Monotoniekoeffizienten (KM) steuern. Je nach Art des Vergleiches und der Belegung von KM ergibt sich eine Vielzahl formaler Möglichkeiten für die Konvergenz. Formal heißt das, wenn

$$H(j,k) = H(j,k-1) \text{ und } H(j,k) \begin{smallmatrix} < \\ \leq \\ = \\ \geq \\ > \end{smallmatrix} KM,$$

dann setzt der die Konvergenz des Verfahrens garantierende Mechanismus ein. Für das Konvergenzkriterium II besteht dieser Mechanismus einfach darin, daß diejenigen Zielorte nicht weitergereicht werden, deren Quellstruktur entsprechend dem spezifizierten Kriterium konstant bleibt. Wird das Konvergenzkriterium II so spezifiziert, daß alle Aufschaukelungen zulässig sind, dann geht es in das Konvergenzkriterium I über (Abb. 24).

Die Spezifizierung des Testwertes (KM) sollte jedoch nicht unterschätzt werden, verbirgt sich doch dahinter oft ein grundlegendes fachspezifisches Problem. Solange sich der Testwert durch eine Hypothese oder Annahme begründen läßt, wäre eine Statistik als Hypothesentest durchaus denkbar. Wird hingegen die Variabilität des Testwertes nur benutzt, um eine bessere Annäherung oder Anpassung an den konkreten Untersuchungsfall zu erreichen, dann würde die Verallgemeinerungsfähigkeit und Vergleichbarkeit der Ergebnisse durch den nunmehr beschreibenden Charakter der Analyse erheblich eingeschränkt.

Wie ist verfahrenstechnisch zu reagieren, wenn der Test eine Verletzung der Monotonie anzeigt?

Da der dargelegte Algorithmus als qualitatives Analyseverfahren nur die Existenz oder Nichtexistenz von Beziehungen berücksichtigt, ist es zulässig, die Monotonie verletzende Beziehungen zu negieren. Dies bedeutet, den Zielort in der erreichten Hierarchiestufe zu belassen und nicht weiterzuschieben. Basierend auf dem relationalen Strukturkonzept, wäre dieser Mechanismus ohne Einschränkung anwendbar.

Wird mit einer die Intensitäten berücksichtigenden Quell-Ziel-Matrix eine funktionale Struktur der Analyse zur Verfügung gestellt, liegt es nahe, diese zusätzlichen Informationen mittels eines Schwellenwertmechanismus auszunutzen. Führt die Analyse der Existenz von Beziehungen (relationale Struktur) nicht zur Konvergenz, sollten die noch nicht zugeordneten Siedlungen durch die Intensität ihrer Beziehungen weiter differenziert und angeordnet werden.

Mit den Schwellenwerten ergibt sich ein weiteres, nicht zu unterschätzendes inhaltlich-methodisches Problem. Je nachdem, ob die Schwellenwerte zufällig gewählt sind oder Qualitäten betreffen, wird die Stauchung oder Streckung der hierarchischen Struktur — analog zur Auswahl des Testwertes — entweder nur beschreibenden Charakter haben oder ein theoretisch-hypothetisches Konzept widerspiegeln.

In den verarbeiteten Beispielen wurden einerseits keine Aufschaukelungen zugelassen und die Konvergenz streng monoton durch die Negation aufschaukelnder Beziehungen gewährleistet. Andererseits wurden Aufschaukelungen grundsätzlich zugelassen und die Konvergenz durch einen Schwellenwertmechanismus garantiert. Vor allem sollte der Übergang von relationalen zu funktionalen Strukturen dokumentiert und einer inhaltlichen Interpretation zugänglich gemacht werden.

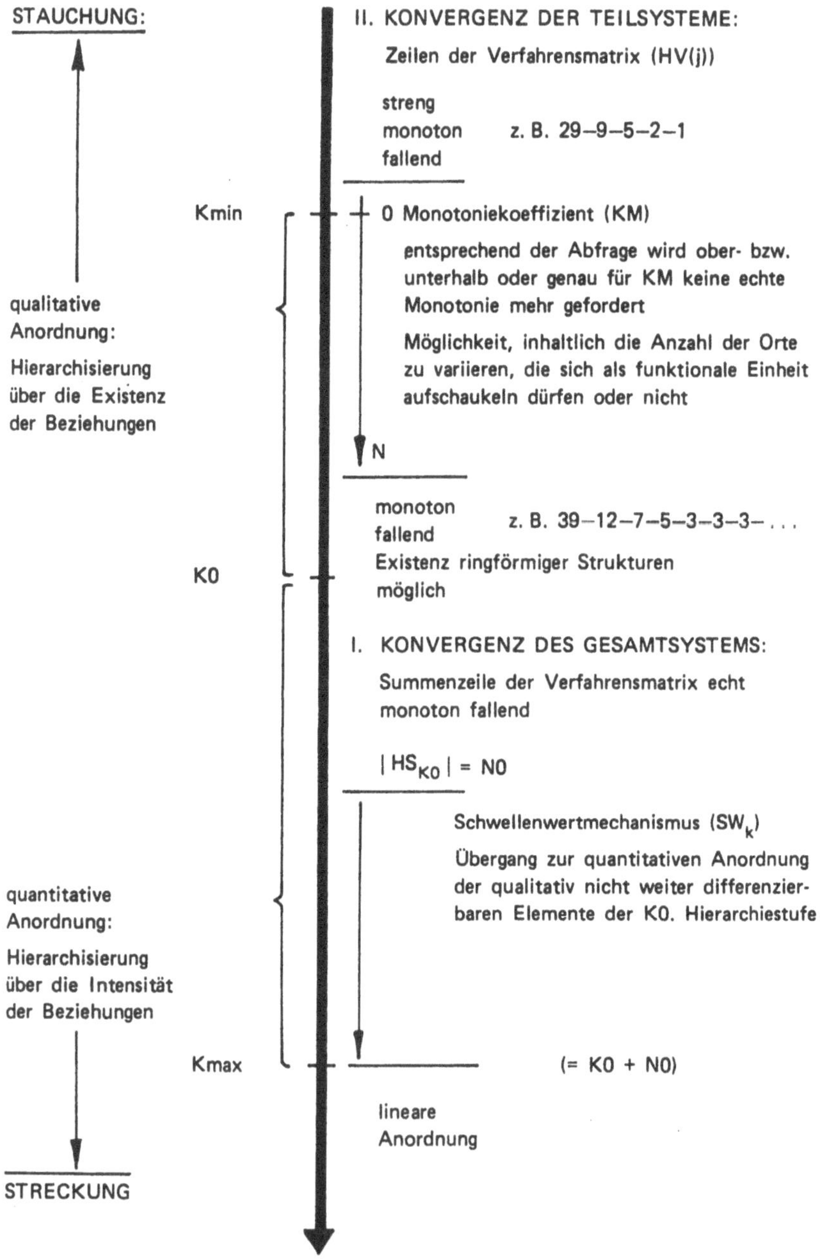

Abb. 24. Verfahrensbedingte Stufungsvarianten im Rahmen der Elastizität hierarchischer Strukturen

6.1.2.4. Ergebnisdruck

Die empirisch erfaßte Quell-Ziel-Matrix bildet, gemeinsam mit der durch das Unterprogramm HIERA erstellten Verfahrensmatrix der Hierarchiestufen, die Informationsbasis zur Lösung aller Aufgaben. Beide Matrizen müssen dem Nutzer zur Verfügung gestellt werden. Da die Quell-Ziel-Matrix bereits durch das Unterprogramm OUTPUT ausgelistet werden kann, muß im Unterprogramm HIERA zumindest der Druck der Verfahrensmatrix vorgesehen sein.

1. HIERARCHIESTUFEN-MATRIX DES VERFAHRENS HV(j,k)
   Die ausgedruckte Matrix (Tab. 3) liefert folgende Informationen:
   a) in der Kopfzeile
      - die Anzahl der analysierten Hierarchiestufen mit den dafür notwendigen Iterationen;
      - die Differenz zwischen der Anzahl der Iterationen und den Hierarchiestufen charakterisiert jene Rekursionsschritte, bei denen das Verfahren nicht streng monoton fallend konvergiert, so daß der Schwellenwertmechanismus in Aktion treten muß;
      - den Schwellenwertvektor SW(k) zur Charakterisierung der notwendigen Intensitäten von Beziehungen für das Erreichen der Hierarchiestufe k;
   b) in der Spalte „ERR.HS-STUFE"
      den Zuordnungsvektor, der jeder Siedlung die erreichte Hierarchiestufe zuordnet;
   c) Matrixelemente HV(j,k)
      die über die Anzahl der Quellorte informieren, die wenigstens die (k–1). Hierarchiestufe erreicht haben und damit die Voraussetzungen liefern, daß der Zielort j die Hierarchiestufe k erreicht;
   d) „Spaltensummenvektor"
      der über die Anzahl derjenigen Orte informiert, die eine bestimmte Hierarchiestufe erreicht haben und somit potentielle Quellorte für die nächste Hierarchiestufe sein können.

Da diese Informationen erheblich komprimiert sind, ist eine weitere zielgerichtete Aufbereitung erforderlich.

2. HIERARCHIESTUFEN-MATRIX DER QUELLORTE HO(j,k)
   Da in der Verfahrensmatrix jeweils die Summe derjenigen Quellorte angegeben ist, die die k. Hierarchiestufe erreicht haben, werden die Quellorte in dieser Matrix (Tab. 4) direkt auf die von ihnen erreichte Hierarchiestufe aufgegliedert.
   Folgende zusätzliche Informationen werden ausgelistet:
   a) Die Spalte „ANZ.QUELL-OBJ." (Anzahl der Quellorte)
      ist mit der ersten Spalte der Verfahrensmatrix (HV(j,1) identisch,

Tabelle 3
Rechnerausdruck (listing) der Hierarchiestufenmatrix des Verfahrens

1. HIERARCHIESTUFENMATRIX DES VERFAHRENS:

HV(J,K) = ANZAHL DER QUELL–OBJ. DES ZIEL–OBJ.(J).
– DEREN RANG GROESSER/GLEICH K–1 UND
– EINER INTENSITAET Q–Z GROESSER ALS SW(K)

NR.	NAME	ERR. HS-STUFE	HIERARCHIESTUFEN: (10 ITERATIONEN) 1	2	3	4	5	6	7	8
			SCHWELLENWERTE: SW(K)							
			0.	0.	0.	0.	15.	15.	15.	15.
1	APOLLENSDORF	4/	1	1	1	1				
2	ATERITZ	0/								
3	BOSSDORF	0/								
4	BUELZIG	0/								
5	DABRUN	0/								
6	DIETRICHSDORF	0/								
7	DORNA	0/								
8	EUPER	0/								
9	EUTZSCH	1/	1							
10	GALLIN	0/								
11	GLOBIB	0/								
12	JAHMO	0/								
13	KEMBERG	4/	15	6	2	1				
14	KLEBITZ	0/								
15	KORGAU	0/								
16	KROPSTAEDT	1/	2							
17	LEETZA	0/								
18	MEURO	1/	1							
19	MOCHAU	4/	1	1	1	1				
20	MUEHLANGER	4/	4	2	1	1				
	⋮									
229	WULFEN	1/	6							
230	ZABITZ	0/								
231	ZEHNITZ	0/								
232	DESSAU	8/	163	62	43	34	13	6	3	1
233	HALLE	4/	64	29	20	18				
234	LEIPZIG	4/	19	13	9	9				
235	MAGDEBURG	5/	28	10	7	5	1			
236	BERNBURG	2/	9	2						
237	BURG	1/	5							
238	DELITZSCH	4/	6	3	3	3				
239	DUEBEN/BAD	6/	8	5	4	4	2	1		
240	GOMMERN	1/	5							
	SUMME (ANZAHL) DER QUELL-OBJEKTE		95	66	56	54	25	14	7	4

Tabelle 4
Rechnerausdruck (listing) der Hierarchiestufenmatrix der Quellen

2. HIERARCHIESTUFENMATRIX DER QUELLEN:

HQ(J,K) = ANZAHL DER QUELL–OBJ. DES ZIEL–OBJ.(J).
– MIT DEM RANG K UND
– OHNE BERUECKSICHTIGUNG DER INTENSITAET

NR.	NAME	ERR. HS-STUFE	ANZ. QUELL-OBJ.	HIERARCHIESTUFEN: (10 ITERATIONEN)							
				1	2	3	4	5	6	7	8
1	APOLLENSDORF	4/	1	0	0	0	1	0	0	0	0
2	ATERITZ	0/									
3	BOSSDORF	0/									
4	BUELZIG	0/									
5	DABRUN	0/									
6	DIETRICHSDORF	0/									
7	DORNA	0/									
8	EUPER	0/									
9	EUTZSCH	1/	1	0	0	0	0	0	0	0	0
10	GALLIN	0/									
11	GLOBIB	0/									
12	JAHMO	0/									
13	KEMBERG	4/	15	4	1	0	1	0	0	0	0
14	KLEBITZ	0/									
15	KORGAU	0/									
16	KROPSTAEDT	1/	2	0	0	0	0	0	0	0	0
17	LEETZA	0/									
18	MEURO	1/	1	0	0	0	0	0	0	0	0
19	MOCHAU	4/	1	0	0	0	1	0	0	0	0
20	MUEHLANGER	4/	4	1	0	0	0	0	1	0	0
21	NUDERSDORF	0/									
	.										
	.										
	.										
	.										
228	WUELKNITZ	0/									
229	WULFEN	1/	6	0	0	0	0	0	0	0	0
230	ZABITZ	0/									
231	ZEHNITZ	0/									
232	DESSAU	8/	163	19	9	1	15	7	5	3	3
233	HALLE	4/	64	9	2	1	6	4	3	1	3
234	LEIPZIG	4/	19	4	0	0	3	4	0	0	2
235	MAGDEBURG	5/	28	3	2	0	4	1	0	0	0
236	BERNBURG	2/	9	2	0	0	0	0	0	0	0
237	BURG	1/	5	0	0	0	0	0	0	0	0
238	DELITZSCH	4/	6	0	0	1	0	1	1	0	0
239	DUEBEN/BAD	6/	8	1	0	0	2	2	0	0	0
240	GOMMERN	1/	5	0	0	0	0	0	0	0	0
	SUMME (ANZAHL) DER ZIEL-OBJ. MIT QUELL-OBJ. VOM RANG K		95	41	18	6	43	27	15	10	12

da alle Quellorte des Zielortes j wenigstens der 0. Hierarchiestufe angehören müssen.

b) Die Matrixelemente HQ(j,k)
informieren über die gewünschte Aufschlüsselung der Quellstruktur nach k Hierarchiestufen für jeden Zielort j,

$$HQ(j,k) = HV(j,k+1) - HV(j,k+2) \quad \text{für alle } k=1,\ldots,K_{max}.$$

Die Quellorte der 0. Hierarchiestufe ergeben sich aus der Differenz zwischen der Anzahl der Quellorte und den in der Matrix aufgeschlüsselten Quellorten, die wenigstens einmal selbst als Zielort auftreten

$$HQ(j,0) = \text{„ANZ.QUELL–OBJ."} - \sum_{k=1}^{K_{max}} HQ(j,k).$$

c) Der „Spaltensummenvektor"
informiert über die Anzahl derjenigen Zielorte, die Quellorte aus der k. Hierarchiestufe enthalten. Das bedeutet jedoch nicht, daß der Zielort unbedingt die (k+1). Hierarchiestufe erreicht haben muß.

Diese Matrix enthält bereits erste Informationen über Abweichungen von einer reinen hierarchischen Struktur, z. B. über Quellorte mit einem höheren Rang als der Zielort.

3. HIERARCHISCHE BEZIEHUNGEN DER OBJEKTE

Ein wesentliches Anliegen der Analyse ist die Bestimmung des hierarchischen Beziehungsgeflechtes als bedeutsames Charakteristikum hierarchischer Strukturen.

Mit dem Ausdruck (vgl. Tab. 5) ist die hierarchisch geordnete Quellstruktur eines jeden Zielortes dokumentiert:

a) Die Hierarchiestufen der Zielorte werden in absteigender Reihenfolge abgearbeitet, so daß der Druck der umfangreicheren niedrigen Hierarchiestufen bei größeren Projekten mittels Parameterwahl abgebrochen werden kann.

b) Die hierarchische Struktur der Quellorte wird hingegen in aufsteigender Folge abgearbeitet, um die Quellbeziehungen zu gleich- oder höherrangigen absetzen zu können, da sie ja dem hierarchischen Ordnungsprinzip widersprechen.

c) Schließlich werden die Angaben von Schlüsselnummern und Namen (wahlweise) durch die Intensität der Beziehungen ergänzt. Dabei ist zu berücksichtigen, daß die Intensität der Beziehungen nur im Zusammenhang mit den für jede Hierarchiestufe angegebenen Schwellenwerten aussagefähig sind.

Tabelle 5
Rechnerausdruck (listing) der hierarchischen Beziehungen

3. HIERARCHISCHE BEZIEHUNGEN DER OBJEKTE:

8. HIERARCHIESTUFE DER ZIELE „SW" 15,0

ZIEL-OBJ.: 135 BITTERFELD
QUELL-OBJ.:

0. HIERARCHIESTUFE „SW"		0,0		
	48 GROEBERN	42,0	53 KRINA	99,0
	62 SCHWEMSAL	57,0	67 WTHAUSEN	6,0
	134 ALTJESSNITZ	66,0	136 BOBBAU	38,0
	142 GOETTNITZ	30,0	145 HEIDELOH	89,0
	154 PETERSRODA	80,0	157 PRIORAU	30,0
	162 RETZAU	24,0	163 REUDEN	38,0
	172 SPOEREN	27,0	173 STUMSDORF	42,0
	176 TORNAU/HEIDE	18,0	177 WERBEN	21,0
	222 SCHORTEWITZ	2,0	231 ZEHNITZ	3,0
1. HIERARCHIESTUFE „SW"		0,0		
	56 RADIS	9,0	143 GREPPIN	54,0
	160 RAMSIN	147,0	165 ROESA	111,0
2. HIERARCHIESTUFE „SW"		0,0		
	141 GLEBITZSCH	152,0	148 LINGENAU	8,0
3. HIERARCHIESTUFE „SW"		0,0		
	137 BREHNA	81,0	159 RAGUHN	33,0
4. HIERARCHIESTUFE „SW"		0,0		
	24 PRETZSCH	2,0	64 SOELLICHAU	12,0
	151 MUEHLBECK	126,0	166 ROITZSCH	111,0
5. HIERARCHIESTUFE „SW"		15,0		
	30 SCHMIEDEBERG/BAD	6,0	66 TORNAU	3,0
	156 POUCH	116,0		
6. HIERARCHIESTUFE „SW"		15,0		
	44 GOSSA	36,0	152 MULDENSTEIN	107,0
7. HIERARCHIESTUFE „SW"		15,0		
	45 GRAEFENHAINISCHEN	28,0	147 JESSNITZ	44,0

*** GLEICH- ODER HOEHERSTUFIGE QUELLOBJEKTE:

8. HIERARCHIESTUFE „SW"		15,0
	178 WOLFEN	7,0

ZIEL-OBJ.: 178 WOLFEN
QUELL-OBJ.:

0. HIERARCHIESTUFE „SW"		0,0		
	53 KRINA	3,0	53 MOEHLAU	2,0
	136 BOBBAU	86,0	138 BURGKEMNITZ	1,0
	149 LOEBERITZ	23,0	150 MARKE	51,0
	158 QUETZDOELSDORF	2,0	161 RENNERITZ	3,0
	164 ROEDGEN	60,0	169 SCHIERAU	42,0
	175 THURLAND	24,0	176 TORNAU/HEIDE	36,0
	201 HINSDORF	2,0	208 MAASDORF	2,0
	231 ZEHNITZ	5,0		
1. HIERARCHIESTUFE „SW"		0,0		
	56 RADIS	2,0	143 GREPPIN	51,0
	165 ROESA	5,0	167 SALZFURTHKAPELLE	71,0
2. HIERARCHIESTUFE „SW"		0,0		
	141 GLEBITZSCH	8,0	148 LINGENAU	43,0
3. HIERARCHIESTUFE „SW"		0,0		
	137 BREHNA	6,0	159 RAGUHN	15,0
4. HIERARCHIESTUFE „SW"		0,0		
	146 HOLZWEISSIG	3,0	151 MUEHLBECK	3,0
	170 SCHLAITZ	4,0		
5. HIERARCHIESTUFE „SW"		15,0		

.
.
.

6.2. Anwendung des Programms HIERAN

6.2.1. Charakter der Falluntersuchung

Jedes Programm bedarf des Tests seiner Funktionsfähigkeit. An einem realen Zahlenbeispiel wird der Verfahrensgang durchgespielt. Meist werden fiktive Zahlenbeispiele gewählt, um denkbare Effekte zu ermitteln.

Hier hat das reale Zahlenbeispiel eine weitere Funktion, nämlich die einer Grundlage zur Diskussion des umgesetzten Konzepts und dessen weiterer Verfeinerung und variabler Gestaltung.

Diese Beispieluntersuchungen dienen

a) als Testfall für den von spezifischen Problemen noch relativ unabhängigen Verfahrensgang zur Aufdeckung inhaltlicher Probleme der Analyse und Widerspiegelung hierarchischer Strukturen;
b) als Zahlenbeispiel zum Testen des erstellten Rechnerprogramms;
c) als Fallstudie, jedoch nicht vorrangig im Interesse neuer Erkenntnisse über das Untersuchungsgebiet;
d) dem multivalenten Ausbau des Verfahrens an Hand gegebener umfangreicher Kenntnisse über das Untersuchungsgebiet und
e) zur Bewertung des angenommenen theoretischen Konzepts, jedoch nicht des Verfahrens, da dieses nur die theoretischen Annahmen umsetzt.

6.2.2. Versorgungsräumliche Beziehungen des Untersuchungsraumes Dessau

Jahrelange Untersuchungen des Instituts für Geographie und Geoökologie der Akademie der Wissenschaften der DDR im Raum Dessau boten umfangreiche Daten und fundierte Kenntnisse für diese Falluntersuchung.

Der Raum Dessau umfaßt 232 Gemeinden (Stand 1971) und die 7 Kreise Dessau (Stadtkreis), Bitterfeld, Gräfenhainichen, Köthen, Roßlau, Wittenberg und Zerbst, ergänzt durch die 8 außerhalb des Untersuchungsraumes gelegenen, aber für die Versorgung des Raumes Dessau wichtigen Zielorte Bad Düben, Bernburg, Burg, Delitzsch, Gommern, Halle, Leipzig und Magdeburg.

Zur Analyse der in diesem Gebiet existierenden zentralörtlichen Hierarchien standen die in Tabelle 6 dargestellten empirischen Strukturmatrizen versorgungsräumlicher Beziehungen zur Verfügung. Die quantitative Erfassung der Beziehungen ergab sich entsprechend Tabelle 7.

Die damit erfaßten, im allgemeinen regelmäßigen Hierarchien der versorgungsräumlichen Beziehungen sind in der Realität zumeist durch die Industrialisierung und andere gesellschaftliche Erscheinungen überformt (3.3.1.). Sofern nicht mehr die Erreichbarkeit zur Inanspruchnahme einer Leistung, sondern bestimmte betriebswirtschaftliche wie überhaupt Standortfaktoren dominieren, wird sich eine von der Zentralorthierarchie abweichende Organi-

Tabelle 6
Die analysierten Strukturmatrizen der räumlichen Beziehungen

Einkaufsverhalten bezüglich			
Schuhen und Lederwaren	„INDustrieWaren" (MAINDW)	„HANDel insgesamt" (MAHAND)	„VERsorgungs-räumliche Beziehungen insGESamt (MAVERGES)
Bekleidung und Textilien			
sonstigen Industriewaren			
Nahrungs- und Genußmitteln			
Beanspruchung ausgewählter			
hauswirtschaftlicher Dienstleistungen		„DIENstleistungen insgesamt" (MADIEN)	
Reparaturen			
Ambulante Betreuung			
allgemeinmedizinisch		(MAARZA)	
spezialärztlich		(MAARZS)	
Pendlerbeziehungen (absolut)			(MAPEND)

Datenquellen: versorgungsräumliche Beziehungen (R. SCHMIDT, 1974),
Pendlerbeziehungen (H. NEUMANN, 1974)

Tabelle 7
Bewertungsschema der Einwohnerbefragung

Zentrenzahl:	1	2	3
Inanspruchnahme der angebotenen Leistungen:			
häufig	24	12	8
selten	6	3	2

sationsstruktur herausbilden, die nicht streng hierarchisch aufgebaut sein muß. Im Untersuchungsgebiet, dessen Strukturen nicht unabhängig voneinander existieren können, entsteht durch Überlagerungen eine komplexe Hierarchie als Mischform verschiedenster Entwicklungsformen. Diesen inneren Entwicklungsgesetzen Rechnung tragend, wurden die versorgungsräumlichen Beziehungen durch die Matrix der absoluten Pendlerbeziehungen (MAPEND) – als struktureller Ausdruck eines Teils der Erwerbstätigkeit – ergänzt.

6.2.3. Allgemeine Beurteilung der Falluntersuchung

Die aus der Anwendung des Verfahrens auf das Untersuchungsgebiet Dessau resultierenden Ergebnisse enthält der Rechnerausdruck. Um die umfangreichen Tabellen (vgl. Tab. 3, 4, 5) nicht in jedem Fall durchgehen zu müssen, wurden die Ergebnisse graphisch-kartographisch aufbereitet (vgl. GRUNDMANN u. a., 1985). Jeder empirischen Datenmatrix sind folgende Abbildungen zugeordnet:

a) räumliche Darstellungen der zielorientierten Quell-Ziel-Beziehungen (vgl. Abb. 21a – siehe Anlage);
b) hierarchische Strukturen nach den beiden Konvergenzkriterien, dargestellt als
   bäumchenartige Halbordnungsstruktur (vgl. Abb. 25a – siehe Anlage) bzw. als
   räumlicher Strukturgraph (vgl. Abb. 25b – siehe Anlage).

Jedes quantitative Verfahren, auch dieses, wirft allgemeine Probleme auf, die von der Qualität der empirischen Datenerfassung und nicht durch das inhaltliche Konzept bedingt sind. Ihre spezifischen Erscheinungsformen machen sich bei diesem Verfahren wie folgt bemerkbar:

(1) *Zufälligkeit der erfaßten Beziehungen*
Durch das Verfahren wird in erster Linie die Existenz oder Nichtexistenz von Beziehungen analysiert. Folglich besteht die Gefahr der Verfälschung in den durch geringe Intensitäten und mehr oder weniger zufällig als existent angesehenen Beziehungen. Hier sollte durch Streichungen oder die Einführung von „Hilfspunkten" (z. B. bei der Bewertung der Einwohnerbefragung) zur adäquaten quantitativen Widerspiegelung steuernd eingegriffen werden. Die Vernachlässigung einer empirischen Beziehung wirkt sich weniger gravierend aus als die Berücksichtigung einer nichtexistenten (zufälligen) Beziehung. Obwohl sich solche zufälligen Beziehungen im allgemeinen nur bis zur 2. Hierarchiestufe bemerkbar machen, hinterlassen sie doch in den meist nur 4 bis 5 Stufen umfassenden Hierarchien eine deutliche Spur.

(2) *Räumliche Abgrenzung des Untersuchungsgebietes*
In dem erheblich verdichteten Untersuchungsgebiet sind Überlappungen von Einflußbereichen keine Besonderheit. Sie sind in den Randbereichen jedoch

nicht oder nur durch wenige, außerhalb des Untersuchungsgebietes gelegene Zielorte erfaßt. Die sich dadurch andeutende scheinbar „einfachere" Strukturierung in den Randgebieten äußert sich in einigen charakteristischen Erscheinungen:

a) der nach innen gerichteten Orientierung der randlich gelegenen zentralen Orte, wie sie besonders deutlich beim „Handel insgesamt" (vgl. Abb. 29 – siehe Anlage) sichtbar wird;
b) der relativ unzureichend versorgten Gebiete der Kreise Roßlau, Zerbst und Köthen mit nur 2 zentralen Orten gegenüber dem zentralen Teil des Kreises Gräfenhainichen mit 5 zentralen Orten in der „spezialärztlichen Versorgung" (vgl. Abb. 29 – siehe Anlage);
c) der Lokalisierung der Nebenzentren neben der Kreisstadt nicht mehr in den Randlagen des Kreises, sondern im Nachbarkreis, wie z. B. Bad Düben im südlichen Teil des Kreises Gräfenhainichen;
d) der Entstehung von mehr oder weniger starken Interferenzen, wenn beide Kreise zum Untersuchungsgebiet gehören, z. B. zwischen Radegast (Kreis Köthen) und Zörbig (Kreis Bitterfeld) und – in abgeschwächter Form – z. T. zwischen Aken (Kreis Köthen) und Steutz (Kreis Zerbst) bzw. Wörlitz (Kreis Gräfenhainichen) und Coswig (Kreis Roßlau).

(3) *Räumliche Verdichtung und innere Strukturiertheit*
Je nach der Raumüberwindung (Distanz, Zeit) und dem Potential (z. B. Bevölkerung) können sich formal ähnliche hierarchische Strukturen

zur Organisation großer Gebiete mit niedrigen Bevölkerungszahlen und
zur Organisation kleiner Gebiete mit hohen Bevölkerungszahlen

herausbilden.

Diese Strukturen lassen sich in ihrer räumlichen Ausprägung nur durch den Verdichtungsgrad, d. h. die Maschengröße zwischen den zentralen Orten unterscheiden. Deshalb ist auch zwischen der Hierarchie als Halbordnungsstruktur und deren räumlichem Erscheinungsbild zu differenzieren (vgl. 3.4.4.).

Neben den allgemeinen Problemen der Auswahl und der quantitativen Erfassung von Individuen, Eigenschaften und Relationen sind die sich aus unterschiedlichen Inhalten der Beispiele ergebenden Probleme und Differenzierungen durch den Verfahrensgang relativ wenig beeinflußbar. Aus den Inhalten resultierende Unterschiede sind – vergleichend – folgende:

a) Der Vergleich der Ergebnisse des Verfahrens mit der auf einer komplexen Einschätzung basierenden Hierarchie im „Stadt-Umland-Buch" (vgl. LÜDEMANN u. a., 1979) und der Hierarchie nach einer Faktoranalyse über Eigenschaften der zentralen Orte des Untersuchungsgebietes (vgl. SCHMIDT/MARGRAF, 1976) durch Kontingenzkoeffizienten (vgl. Tab. 8) zeigt keine größeren Abweichungen als zwischen den versorgungsräumlichen Beziehungen überhaupt und deren Zerlegung in spezifische versorgungsräumliche Bezie-

Tabelle 8
Matrix der korrigierten Kontingenzkoeffizienten zwischen den analysierten hierarchischen Strukturen

	S-U-Buch	FAKTAN	MAPEND	MAINDW	MAHAND	MADIEN	MAARZA	MAARZS	MAVERGES
S-U-Buch[1]	–								
Faktoranalyse[2]	0,4587	–							
I. MAPEND	0,2847	0,3540	–						
II. MAINDW	0,6235	0,3864	0,3473	–					
III. MAHAND	0,5998	0,3799	0,3529	0,8339	–				
IV. MADIEN	0,4148	0,4705	0,2850	0,3960	0,4162	–			
V. MAARZA	0,3357	0,3216	0,2456	0,2337	0,2388	0,2947	–		
VI. MAARZS	0,4545	0,4395	0,2971	0,4541	0,4495	0,2752	0,3899	–	
VII. MAVERGES	0,3041	0,4448	0,2594	0,2861	0,2844	0,3514	0,3961	0,3679	–

Alle Kontingenzkoeffizienten sind zum Signifikanzniveau von $\alpha = 0{,}005$ gesichert.

Quellen:

1 H. LÜDEMANN (Hrsg.), 1979, S. 40/41
2 G. SCHMIDT, O. MARGRAF, 1976, S. 108–115

hungen bzw. zwischen den „Industriewaren" und dem „Handel" insgesamt. Dort ist eins im anderen enthalten. Die Abweichungen sind im wesentlichen durch die inhaltliche Spezifik erklärbar.

b) Diese inhaltliche Spezifik läßt sich durch einen Vergleich der Anzahl der Hierarchiestufen charakterisieren, also mittels Anzahl und Anteil der dem theoretischen Konzept entgegenstehenden Beziehungen, d. h. durch den Grad der hierarchischen Strukturiertheit, der Anzahl und dem Anteil von Beziehungen auf gleicher Ebene, d. h. inwieweit sich der Charakter eines Verbundsystems (vgl. BAHRDT, 1958) ausgeprägt hat (Tab. 9).
Der Charakter von Verbundsystemen ist jedoch inhaltlich besser an den untereinander verbundenen Siedlungen zu erklären (vgl. die folgenden Interpretationsbeispiele).

c) Von dieser inhaltlichen Spezifik abstrahierend, ergibt sich durch die mengentheoretische Durchschnittsbildung ein Ansatzpunkt, die Hierarchiestufen als „Typen" zu verallgemeinern.

6.2.4. Inhaltliche Probleme des Verfahrens

Die Wechselbeziehung zwischen Theorie und Praxis berücksichtigend, folgen Interpretationsbeispiele zu drei Problemkreisen. Dabei steht der räumliche Aspekt der geographischen Betrachtungsweise als ein Kompromiß zwischen formaler Theorie und realer Praxis im Vordergrund.

6.2.4.1. Konvergenzkriterien und Elastizität hierarchischer Strukturen

Die Konvergenz eines jeden Teilsystems und die des Gesamtsystems sind – unter Vernachlässigung interner Aufschaukelungseffekte – die Grundvarianten, nach denen das Verfahren konvergiert. Die Konvergenz als solche wird durch zwei Entscheidungskriterien gesichert. Die Konvergenz der Teilsysteme wird dadurch gewährleistet, daß der Zielort bei gleicher Quellstruktur nicht an die nächste hierarchische Stufe weitergegeben wird. Die Konvergenz des Gesamtsystems ist dabei als extremes Teilsystem eingeschlossen.

Wird *nur* auf Konvergenz des Gesamtsystems Wert gelegt, kann dies mit Hilfe des Schwellenwertmechanismus gewährleistet werden. Die durch die Existenz oder Nichtexistenz von Beziehungen hierarchisch nicht mehr weiter differenzierbaren Orte in der bis dahin erreichten höchsten Hierarchiestufe, werden mit Hilfe von Intensitätsstufen (Schwellenwerten) weiter angeordnet.

Je nach dem Konvergenzkriterium ergibt sich eine unterschiedliche Stufung. Daraus resultierende Probleme werden an jenen Beispielen deutlich, deren variantenbedingte Stufung die größten Differenzen hervorruft (Tab. 10).

Als Interpretationsbeispiel diene die Matrix der Beziehungen zur Inanspruchnahme von „Dienstleistungen" (MADIEN). Die Unterschiede beider Varianten

Tabelle 9
Charakterisierung der hierarchischen Strukturen

	MAPEND	MAINDW	MAHAND	MADIEN	MAARZA	MAARZS	MAVERGES
Zielorte	84	52	57	78	53	24	96
Anzahl der Beziehungen							
insgesamt	1450	621	664	498	498	560	1070
im Widerspruch zum Hierarchiekonzept	197	4	5	16	20	11	68
(%)	13,58	0,64	0,75	3,21	3,77	1,96	6,35
davon:							
horizontal	114	4	5	13	10	4	46
(%)	7,68	0,64	0,75	2,61	1,89	0,71	4,30
entgegengesetzt	83	–	–	3	10	7	22
(%)	5,72			0,60	1,89	1,25	2,06
Hierarchiestufen							
1. Siedlungen	22	32	35	46	23	8	37
widerspr. Beziehungen	6	–	2	7	–	–	8
horizontal	3		2	7			8
entgegengesetzt	3		–	–			–
2.	30	12	14	23	15	8	23
	83	2	2	9	10	8	19
	52	2	2	6	4	4	16
	31	–	–	3	6	4	3
3.	6	5	4	7	8	4	17
	20	2	1	–	6	2	19
	8	2	1		2	–	9
	12	–	–		4	2	10
4.	12	2	3	2	3	2	11
	46	–	–	–	–	1	12
	27					–	6
	19					1	6
5.	2	1	1		4	2	2
	5	–	–		4	–	–
	–				4		
	5				–		
6.	8						5
	33						10
	22						7
	11						3
7.	2						1
	2						–
	–						
	2						
8.	2						
	2						
	2						
	–						

Tabelle 10
Anzahl der mit unterschiedlichen Konvergenzkriterien bestimmten Hierarchiestufen

Beziehung	Konvergenz Gesamtsystem (KM=N)	Konvergenz Teilsystem (KM=0)
MAPEND	17	8
MAINDW	6	5
MAHAND	10	5
MADIEN	13	4
MAARZA	6	5
MAARZS	5	5
MAVERGES	18	7

(Abb. 26 – siehe Anlage) werden im allgemeinen durch sogenannte „Aufschaukelungseffekte" hervorgerufen, die sich sowohl *gegenseitig* als auch *einseitig* anzeigen können.

1. *Gegenseitige Aufschaukelungen*

Orte: PLODDA – SCHLAITZ
Charakteristik: Unsinnige, d. h. auszumerzende zufällige Aufschaukelung.
Maßnahme: Streichung der mehr zufälligen Beziehung von Plodda nach Schlaitz mit geringer Intensität (= 3,0).
Resultat: Schlaitz bleibt in der 0. Hierarchiestufe, Plodda käme in die 1. Stufe.

Orte: MÜHLBECK – FRIEDERSDORF
Charakteristik: Wegen der höheren Intensität (= 12,0 bzw. 36,0) bilden beide eventuell eine funktionale Einheit für dieses Versorgungsniveau an Dienstleistungen, die auszumerzende Aufschaukelung bewirkt.
Maßnahmen: Beide Orte zu einer funktionalen Einheit zusammenfassen und als ein Element in die Untersuchung eingehen lassen.
Resultat: Die funktionale Einheit Mühlbeck–Friedersdorf käme in die 1. Hierarchiestufe.

Orte: PROSIGK – WEISSANDT-GÖLZAU – RADEGAST
Charakteristik: Wegen der eigenen Quellstruktur von Prosigk und Weißandt-Gölzau könnte es sich hier ebenfalls – trotz geringer Intensitäten – um eine funktionale Einheit handeln. Radegast – als beider Zielort – wird in den Aufschaukelungseffekt passiv einbezogen.
Maßnahme: Bildung einer funktionalen Einheit.
Resultat: Die funktionale Einheit (Prosigk – Weißandt-Gölzau) erreicht die 1. Stufe und Radegast die 2. Stufe.

2. *Einseitige Aufschaukelungen*

Orte: RÖDGEN – GROSSZÖBERITZ – GLEBITZSCH – BREHNA – ROITZSCH

Charakteristik: Außer Roitzsch tritt jede Gemeinde in der Strukturreihe nur als Zielort ihres Vorgängers auf. Hier ist also zwischen funktionaler Einheit, zufälliger Beziehung oder anderer Ursachen zu unterscheiden.

Maßnahmen: Insbesondere wegen der räumlichen Lagebeziehungen im Untersuchungsraum ist eine weitere Untersuchung vor allem der Annahmestellen und sonstigen Dienstleistungseinrichtungen nötig.

Diese einseitigen und gegenseitigen Aufschaukelungen werden mittels Konvergenzkriterium II bereits auf derjenigen Stufe abgefangen, auf der sie allein den weiteren Hierarchisierungsprozeß beeinflussen.

3. *Dem theoretischen Konzept widersprechende Beziehungen*

Orte: LINDAU – LOBURG, GRÄFENHAINICHEN – ZSCHORNEWITZ

Charakteristik: Hier entstehen im qualitativen und quantitativen Bereich der Hierarchie Umkehrungen in der Unterordnung zwischen beiden Varianten.

a) Im Falle Lindau – Loburg könnte die Beziehung wegen der geringen Intensität durchaus zufällig sein. Andererseits besteht angesichts der höheren Einschätzung von Loburg auf komplexerer Grundlage (vgl. LÜDEMANN u. a., 1979) die Vermutung, daß sich die durch Abgrenzung des Untersuchungsgebietes verursachten Randeffekte mit dem Konvergenzkriterium I abschwächen lassen.

b) Bezüglich Gräfenhainichen – Zschornewitz wäre zwar nicht unbedingt auf eine funktionale Einheit zu schließen, da die entsprechende Quellstruktur und damit das Einzugsgebiet für Zschornewitz fehlt. Die Abgabe von Teilfunktionen wäre zumindest denkbar. Diese Erscheinung wird bei der ambulanten ärztlichen Versorgung (MAARZA in Abb. 27; MAARZS vgl. Abb. 30 – beide Abbildungen siehe Anlage) noch deutlicher. Hier wäre eine hierarchische Erhöhung des funktionsteiligen Nebenzentrums sinnvoll, jedoch nicht über das Funktionen abgebende Zentrum hinaus.

Im Bereich der qualitativen Hierarchisierung wird bis maximal auf das gleiche Niveau mit angehoben. Das Anheben auf das gleiche Niveau kann jedoch bereits verfälschend wirken, wie bei der „allgemeinärztlichen" Versorgung (Abb. 27 – siehe Anlage) von

GRÄFENHAINICHEN – ZSCHORNEWITZ,
KÖTHEN – OSTERNIENBURG bzw.
ROSSLAU – RODLEBEN.

Hier sind die unterschiedlichen Intensitäten ausschlaggebend. Daher ist die weitere quantitative Hierarchisierung (Schwellenwertmechanismus) sinnvoll.

Die Anwendung der beiden Grundvarianten der Konvergenz, die in sich noch variierbar sind, erlaubt es, die durch das Konzept der Unter- bzw. Überordnung bedingte hierarchische Struktur entsprechend der ihr innewohnenden Elastizität zu stauchen und zu strecken (vgl. Abb. 24).

6.2.4.2. Transitive Überbrückungen und räumliche Lagegunst

Die Abbildungen der Hierarchien als bäumchenartige Halbordnungsstrukturen und räumliche Strukturgraphen, enthalten jeweils nur das Skelett der transitiven Struktur. Die im Skelett vernachlässigten transitiven Überbrückungen sind jedoch real existent bzw. nichtexistent. Ihre Vernachlässigung ist zwar die theoretisch saubere Lösung, erzeugt aber in einigen Fällen grobe Fehler. Das ist bei der Interpretation zu bedenken. Die veranschaulichenden Strukturreihen

ZAHNA –
MÜHLANGER – } — BITTERFELD – WITTENBERG
BAD SCHMIEDEBERG –

(vgl. Abb. 28 – siehe Anlage) haben für die Pendlerbeziehungen die extremsten räumlichen Entfernungen. Die 14 Pendler von Bitterfeld nach Wittenberg sind die Ursache der erheblich verfälschten Darstellung. Dadurch wird Wittenberg hierarchisch höherrangig und Bitterfeld untergeordnet. Bedingt durch die Vernachlässigung der transitiven Überbrückungen sind die 23 Pendler nach Bitterfeld und nicht die 599 nach Wittenberg ausschlaggebend für die Zuordnung von Zahna. Ähnliches trifft für Mühlanger zu. Bad Schmiedeberg würde hingegen sinnvoller beiden zugeordnet.

PRATAU – KEMBERG – WITTENBERG

ist ein ebenso charakteristisches Beispiel, das sich vom „Handel" bis hin zur Summe der „Versorgungsräumlichen Beziehungen" auswirkt (vgl. Abb. 29 und 25 – siehe Anlage). Die existierende Beziehung zu dem gut erreichbaren Nebenzentrum ordnet somit Pratau Kemberg und nicht dem nähergelegenen, höherrangigen Wittenberg zu.

Die Strukturreihe

ZERBST – WITTENBERG – DESSAU

aus der Beziehungsmatrix „Handel" insgesamt (Abb. 29 – siehe Anlage) ist ähnlich zu interpretieren.

Solche Erscheinungen können aber auch nach der Anzahl überbrückbarer Beziehungen extreme Formen annehmen, z. B. innerhalb der Strukturreihen

WÖRLITZ – ORANIENBAUM – GRÄFENHAINICHEN –
BITTERFELD – DESSAU

(vgl. Abb. 30 – siehe Anlage) bei der „spezialärztlichen" Versorgung bzw.

RAMSIN – SANDERSDORF – ZÖRBIG – WOLFEN – BITTERFELD (vgl. Abb. 27 – siehe Anlage) in der „allgemeinärztlichen" Versorgung. Darin existieren die transitiven Überbrückungen zwischen dem ersten und dem letzten Element real.

Die Analyse konkreter Teilstrukturen zeigt stets den engen Zusammenhang zwischen der Existenz oder Nichtexistenz transitiver Überbrückungen und den Lagebeziehungen (Lagegunst). Fachspezifische Untersuchungen dieses Zusammenhangs wären vor allem aus geographischer Sicht notwendig. Die räumliche Zuordnung zu *möglichen* Zentralortbereichen weisen allgemein auf die Zuordnungsproblematik hin.

Sobald eine Siedlung auf mehrere Zielorte orientiert ist, bestehen unterschiedliche Möglichkeiten der Zuordnung. Bei Vernachlässigung der transitiven Überbrückungen wird jede Siedlung eindeutig den nächsthöheren zentralen Orten zugeordnet, mit denen sie, durch bestimmte Beziehungen vermittelt, in einer Strukturreihe steht. Dies ist eine formale, theoretische Festlegung, die in der Realität problematisch sein kann.

Die Existenz vielseitiger Beziehungen vorausgesetzt, besteht die Hauptursache für die mehrfache Zuordenbarkeit darin, daß jeder zentrale Ort einer bestimmten Hierarchiestufe theoretisch auch die Funktionen aller niederen Stufen erfüllt. Damit ist der (Quell-)Ort im Prinzip allen höherrangigen (Ziel-) Orten, zu denen er Beziehungen unterhält, in einer Strukturreihe steht, zuordenbar. Sinnvolle Zuordnungsvorschriften, ob nun eindeutige oder mehrfache, betreffen den Fachspezialisten, weniger den Methodiker. Deshalb wurde hier auch die betont strukturtheoretische Variante des „Skeletts" gewählt. Ferner wird dem Fachwissenschaftler mit der Auslistung des gesamten hierarchischen Beziehungsgeflechtes (vgl. Tab. 5) die Anwendung beliebiger fachspezifischer Zuordnungskriterien ermöglicht. Aus der Literatur ergeben sich u. a. als eindeutige Zuordnungsvorschriften:

a) der nächstgelegene zentrale Zielort oder
b) der dominante (maximale) Strom;

als mehrfache Zuordnung:

c) die Berücksichtigung von Intensitätsfolgen, z. B. die rechentechnisch umsetzbare Zuordnung des Quellortes i nach allen Beziehungen, die folgendes Kriterium erfüllen:

$$x_{ij}(L+1) \times p > \frac{\sum_{j(1)}^{j(L)} x_{ij}(l)}{L}$$

mit $x_{ij}(1) \geqslant \ldots \geqslant x_{ij}(L) \geqslant x_{ij}(L+1) \geqslant \ldots \geqslant 0$ für alle j(l).
Das bedeutet, daß eine Intensität (x_{ij}), die den Durchschnitt der vorangehend berücksichtigten Intensitäten um das p-fache unterschreitet, bei der Zuordnung von i zu j nicht mehr berücksichtigt wird.

Auf Grund der Kontroversen zum Konzept der „dominanten Ströme" (vgl. STEPHENSON, 1974), scheinen sinnvolle fachspezifische Zuordnungsvorschriften kaum quantifizierbar zu sein. Sie sind daher nicht algorithmierbar und somit auch nicht allgemein analog umsetzbar. Die Relativität der Lagebeziehungen, darin 60 Minuten Weg zu einem höheren Zentrum weniger sein können als 15 Minuten Weg zu einem niederen Zentrum, demonstriert drastisch die Schwierigkeit und Notwendigkeit fachspezifischer Ansätze.

Einige allgemeine methodische Möglichkeiten zur Erleichterung der Zuordnung sind:

a) Eliminierung zufälliger Beziehungen nach bestimmten vorgeschriebenen Kriterien;
b) graphische Darstellung von jeweils zwei Klassen der
   zuzuordnenden Orte der k. Stufe und der
   zuordenbaren Orte oberhalb der k. Stufe;
c) Aufstellung von Intensitätsrangfolgen nach Quell- bzw. Zielorten;
d) Darstellung geeigneter Überlappungsbereiche.

6.2.4.3. Grad der Hierarchisierung

Abschließend ist die Widerspiegelung des theoretischen Konzeptes der Unterordnung in den empirisch erfaßten Strukturen zu prüfen. In welchem Umfang sind also

a) *horizontale Beziehungen* zwischen den Siedlungen gleicher Hierarchiestufen vertreten bzw. tendiert die Organisationsstruktur auf bestimmten Ebenen zum Verbundsystem (vgl. BAHRDT, 1958);
b) die dem theoretischen Konzept *entgegengesetzten Beziehungen* anzutreffen (vgl. Tab. 9).

An den Anteilen der Verletzungen des theoretischen Konzepts zeigt sich bereits, daß die Pendlerstruktur mit mehr als 13 % durch das Quell-Ziel-Verhalten nicht so stark hierarchisch organisiert wird wie die versorgungsräumlichen Beziehungen, die abgesehen von der Gesamtsumme weit unter dem 5 %-Anteil liegen. Die Produktionsstruktur, die anderen Entwicklungsbedingungen folgt, führt demnach zu nicht so streng hierarchischen Organisationsformen. Dies macht sich sogar in den z. T. enger an die Produktionsstruktur gebundenen versorgungsräumlichen Beziehungen der allgemeinärztlichen Versorgung (Betriebspolikliniken) mit 4,0 % und den Dienstleistungen (Handwerksbetriebe) mit 3,2 % bemerkbar. Diese setzen sich ebenfalls deutlich von den anderen versorgungsräumlichen Beziehungen ab.

(1) Tendenzen zu einem *Verbundsystem* (horizontale Beziehungen, d. h. Ausgleichs- oder Austauschbeziehungen auf gleicher Ebene, zeigt ebenfalls vor allem die Pendlerstruktur.

Tabelle 11
Dem theoretischen hierarchischen Organisationsprinzip widersprechende Beziehungen der empirischen Pendlermatrix (MAPEND)

Hierarchiestufen	1	2	3	4	5	6	7	8
Anzahl								
der Orte	22	30	6	12	2	8	2	2
horizontaler Beziehungen	3	52	8	27	-	22	-	2
entgegengesetzt ankommender Beziehungen	3	31	12	19	5	4	2	-

Hierin äußert sich eindeutig die Arbeitsteilung speziell durch das Arbeitsplatzangebot. Nicht jeder Ort kann genügend Arbeitsplätze anbieten. In einem zentralörtlichen System ist hingegen die entsprechende Siedlung voll für die Versorgung ihres Einzugsbereiches verantwortlich. Besonders eng scheinen die 8 Orte (Kemberg, Pratau, Gräfenhainichen, Bitterfeld, Wolfen, Köthen, Halle und Bernburg) der 6. Hierarchiestufe mit 22 Beziehungen untereinander verbunden zu sein. Allein 5 Beziehungen kommen auf Halle, eine Großstadt, welche für sich jedoch wesentlich höher eingestuft werden müßte. Geeignet miteinander verbundene Systeme wären z. B.

– Köthen – Bernburg,

– ((Kemberg – Pratau) – Gräfenhainichen) – Bitterfeld – Wolfen (Köthen).

(2) Die entgegengesetzten Beziehungen (Umkehrungen) konzentrieren sich nicht – wie vermutet – auf die 1. Hierarchiestufe, die potentiell die meisten Möglichkeiten enthält. Hier scheint sich ein konstanter Verschiebungseffekt bezüglich der höchsten Hierarchiestufe anzudeuten. Jene Hierarchiestufen, die als Hauptziel entgegengesetzter Beziehungen fungieren, weisen wiederum auf das Phänomen der Funktionsabgabe an nahegelegene niedere Zentren hin, an eine Art Arbeitsteilung im versorgungsräumlichen Bereich wegen günstiger Lage- oder Standortfaktoren.

Wenn die hierarchische Beziehung der Unterordnung und, falls vorhanden, die entgegengesetzte Beziehung zwischen zwei Siedlungen betrachtet wird, dann deutet sich je nach Intensität eine Aufhebung der Unterordnung und damit die *Symmetrie* als Problem an. Sind die Intensitäten nahezu gleichwertig, so sind es auch die an den Beziehungen beteiligten Siedlungen, und damit ist die Beziehung zwischen diesen Orten symmetrisch.

Ein instruktives Beispiel hierfür ergab sich bei der Analyse des Fernsprechverkehrs zwischen den Knotenvermittlungsstellen, die der administrativen Kreisstruktur nahekommt. Wenn auch nicht exakt mathematisch, so doch inhaltlich symmetrisch (50 % entgegengesetzte Beziehungen), wurden die Monotonieforderungen bereits für die 1. Hierarchiestufe verletzt, so daß der Schwellenwertmechanismus von Anbeginn zum Einsatz kam. Da die Intensitäten annähernd gleichwertig sind, führte das Verfahren zur relativ willkürlichen Unterordnung. Falls innerhalb der Fernsprechbeziehungen überhaupt eine hierarchische Struktur existiert, ist diese zumindest nicht mit dem Quell-Ziel-Konzept darstellbar.

Eine spezielle Auswertung bzw. ein Test auf Symmetrie ist in diesem Verfahren nicht enthalten, sollte aber Bestandteil einer allgemeinen Strukturuntersuchung sein. Als Maß für die Ordnung O innerhalb der Struktur könnte z. B.

$$O = \frac{\sum\limits_{\substack{i=1 \\ j=i+1}}^{N} \frac{\min(x_{i,j};x_{j,i})}{\max(x_{i,j};x_{j,i})}}{N^2 - N}$$

dienen.

Bei O = 0 wäre der Fall einer absoluten Unterordnung mit
$\min(x_{i,j};x_{j,i}) = 0$ gegeben,
d. h. eine reine Hierarchie.

Bei O = 1 wäre völlige Gleichberechtigung mit
$x_{i,j} = x_{j,i}$ für alle i,j $i \neq j$ zu verzeichnen,
d. h. eine rein symmetrische Matrix.

$O \in [0,1]$ wäre ein Maß für den Grad der Hierarchisierung der Struktur und könnte als Kriterium für die Verwendbarkeit des Verfahrens fungieren.

Es existieren weitere interessante Probleme, die im Zusammenhang mit den vom Verfahren gelieferten Ergebnissen diskutiert werden sollten, wie:

a) Welche Bedeutung haben die Leerstellen oder das Gefälle in der Quellortsequenz der Tabelle 4 (Zeilenvektor HQ(j)) für die Charakterisierung „normaler" bzw. „extremer" hierarchischer Strukturen?
b) Welche Erscheinungen dienen der weiteren Spezifizierung oder Verfeinerung der inhaltlichen Problematik von den funktionalen Einheiten, oder von der Arbeitsteilung auch bezüglich der Funktionen?
c) Welches sind die spezifisch geographischen Ergebnisse zur Charakterisierung der Lagebeziehungen, der Lagegunst und der räumlichen Verteilungen?

6.3. Ausbau und Erweiterung des Programms

Einige rechentechnische Möglichkeiten zum Ausbau bzw. zur Erweiterung des Programms – stets mit dem Ziel, inhaltliche Probleme umzusetzen – sind durchaus gegeben. Dabei geht es um ihre inhaltliche Einordnung in unterschiedliche Größenordnungen der Erweiterung.

6.3.1. Berücksichtigung weiterer theoretischer Konzepte als hierarchisches Ordnungsprinzip

Als methodisches Hemmnis bei der Erweiterung der Entscheidungsvarianten für die Unter- bzw. Überordnung erwies sich in der symmetrischen Telefonmatrix das unbedingt zu berücksichtigende Problem:

Sofern die Existenz von Beziehungen nur die daran beteiligten Elemente der Entscheidung über eine Unter- bzw. Überordnung zuführen kann, diese Beziehungen selbst aber für die Entscheidung nicht ausreichen, dann müssen weitere Informationen herangezogen werden. In solchen Fällen sollten zusätzlich informative Datenvektoren in die Entscheidung einbezogen werden.

Die Berücksichtigung von Eigenschaftsvektoren über die Elemente zur Entscheidung der Unterordnung an der entsprechenden Stelle (vgl. Abb. 23) im Programmablaufplan (PAP) wäre somit eine erste notwendige Ausbaustufe des der Hierarchisierung dienenden Unterprogramms HIERA.

Verwendbare fachspezifische Eigenschaften enthalten die realen Zeilen- oder Spaltensummen, wonach die Entscheidung über die Unter- oder Überordnung an Hand eines Größenvergleichs im Quell- oder Zielaufkommen der in Beziehung stehenden Elemente getroffen wird.

Die Notwendigkeit, Eigenschaften der Quell- bzw. Zielorte in das Programm einzubeziehen, führt dann auf ein Problem anderer Größenordnung, wenn mehrere Eigenschaften gleichermaßen in der Entscheidung zu berücksichtigen sind.

6.3.2. Einbettung des Programms in die Software eines räumlichen Informationssystems

Selbstverständlich können weitere Daten oder Informationen (z. B. Eigenschaftsvektoren) zur Erweiterung und Spezialisierung des Programms im Interesse einer besseren Lösung der Hierarchieproblematik herangezogen werden. Überdies sollte das Programm auch anderen Zielen dienlich sein und die empirischen Daten und Informationen weiteren inhaltlichen und graphisch-kartographischen Verarbeitungen zugänglich machen.

Damit ergibt sich die Forderung

a) nach deren Einbeziehung in die einheitliche, unter geographischen Gesichtspunkten aufgebaute Datenorganisation von Datenspeichern (MARGRAF, 1985) und
b) nach einer einheitlich organisierten Anwendungssoftware (Verarbeitungsprogramme) (KRÖNERT/MARGRAF, 1985).

Die Programme zur Lösung solcher Probleme sollten — zur allgemeinen Nutzung — Bestandteile eines räumlichen Informationssystems werden. Dies bedeutet:

a) eine Zerlegung des Programms HIERAN in mehrere Programme gemäß der durch die Unterprogramme vorgegebenen Struktur;
b) neben dem Eigenschafts- bzw. Rasterkonzept als adäquate Abspeicherungskonzepte für Datenvektoren bzw. zur Bildverarbeitung, auch das Relationskonzept in der Form quadratischer Matrizen (Grundtyp der Datenstruktur) als spezifischen Bestandteil des Informationssystems zur Organisation und Verarbeitung von Strukturen einzubeziehen (Abb. 31);
c) Aufbau einer einheitlichen, eine linienhafte Darstellung realisierenden graphisch-kartographischen Zeichensoftware zur Analyse der Unterschiede zwischen den funktionalen Hierarchien und ihren räumlichen Erscheinungsformen;
d) Ausbau der Anwendungssoftware für spezielle Aufgaben der Analyse hierarchischer Strukturen;
e) Aufbau einer Anwendungssoftware zur allgemeinen Strukturanalyse (Ähnlichkeitsstrukturen, Kausalstrukturen usw.) durch
   Gruppierungsprogramme (Klassifikation, Diskrimination, Schichtung),
   Pfadkoeffizientenmethode,
   Triadenreduktion (THÜRMER, 1981).

Mit diesen Hinweisen erreichen Ausbau und Erweiterung wiederum eine neue Größenordnung.

6.3.3. Aufbau eines Programmsystems zur allgemeinen Analyse geographischer Strukturen

Auf Grund der Leistungsfähigkeit der sogenannten „Kleinrechentechnik" ist der internationale Trend beim Aufbau räumlicher Informationssysteme vor allem unter den von STEINER (1981) genannten Prämissen zu sehen:

a) Von den großen zentralen Informationssystemen mit umfangreichen Datenbanken ist abzugehen, hin zu den kleineren, regional beschränkten Systemen, entstanden unter der Kontrolle der Nutzer und auf deren Bedürfnisse abgestimmt,
b) enge Zusammenarbeit zwischen Computerfachleuten und im eigenen Interesse rechentechnisch weitergebildeten Geographen,
c) Eigenentwicklung spezieller, problemorientierter Software,
d) Abgehen von den großen Programmsystemen mit enormen Anpassungsproblemen und Schwierigkeiten bei notwendigen und gewünschten Modifikationen, hin zur Übernahme von Unterprogrammbibliotheken, die bestimmte, wohldefinierte Operationen, Funktionen usw. ausführen, deren Einbau in Hauptprogramme nach eigenen Zielstellungen erfolgen kann.

Unter dem letzten Gesichtspunkt wäre die Übernahme des von STOSCHEK an der Technischen Universität Dresden erarbeiteten Programmpakets STRUKTUR

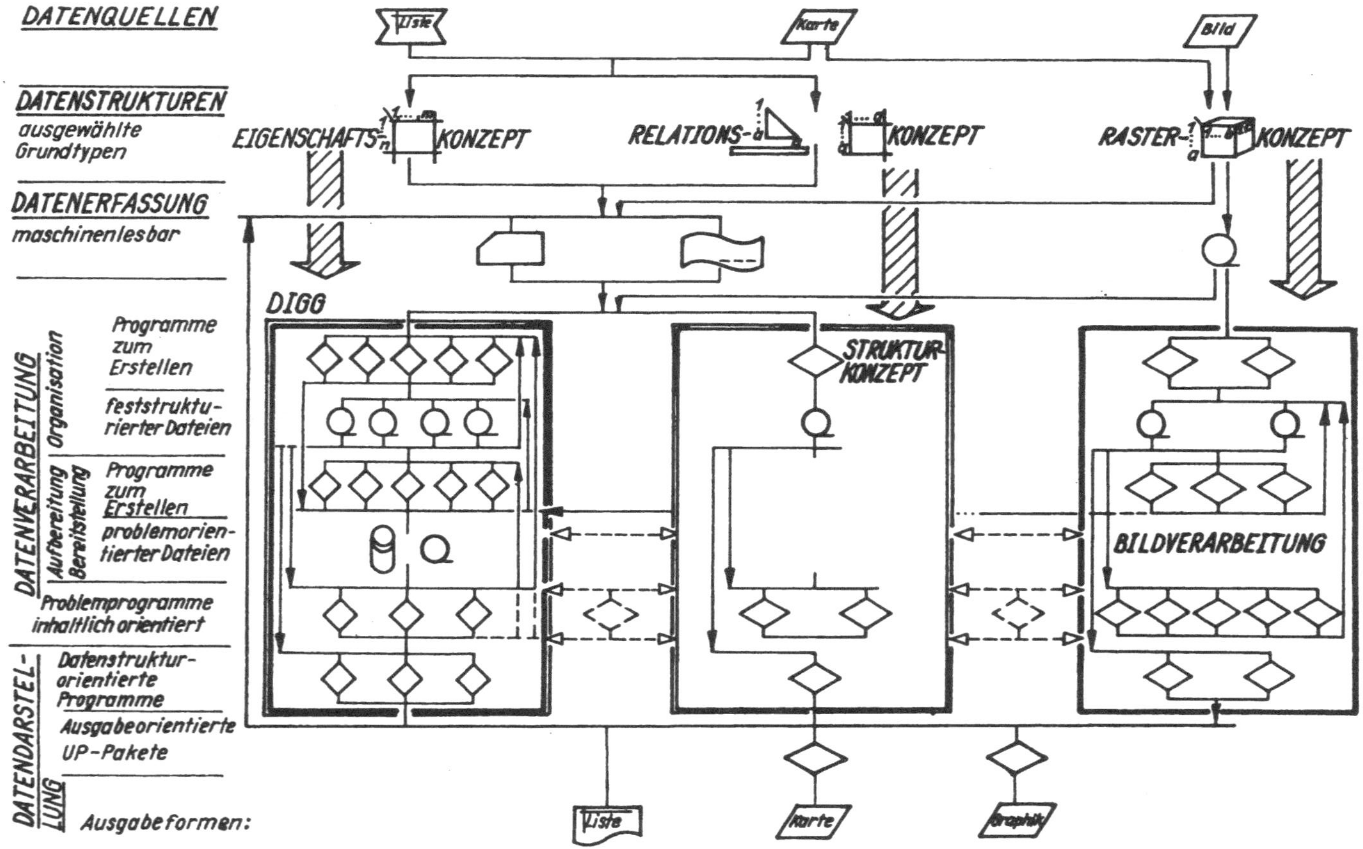

Abb. 31. Grobstruktur eines konzipierten räumlichen Informationssystems

zu prüfen. Ausgehend von der angewandten Strukturtheorie (4.1.1.), enthält das Programmpaket

a) Prozeduren zum mathematischen Apparat der Strukturtheorie, wie
   algorithmisch orientierte Matrizenoperationen,
   innere Multiplikation;
b) Prozeduren zur Analyse und Synthese von Strukturen, wie
   Identifizierung bestimmter Strukturen,
   Tests auf spezielle Struktureigenschaften,
   Kondensation, Erweiterung und Veränderung von Strukturen;
c) Prozeduren zur Eingabe, Ausgabe und Organisation von Strukturen, wie
   Übertragung verschiedener Strukturarten von LK-Dateien auf MP-Dateien,
   Transponieren, Doppeln, Löschen, Drucken und Umorganisieren von Strukturen

(vgl. dazu NEHM, 1980, 1982).

7. Schlußbemerkungen, Ausblick

Hierarchische Strukturen sind eine universelle Erscheinung, deren Analyse enormen praktischen Wert besitzt. Das Ziel der vorgelegten methodischen Forschungen besteht u. a. darin, allgemeine Wesenszüge einer Hierarchie deduktiv abzuleiten und in ein Analyseverfahren umzusetzen. Die Verallgemeinerungsfähigkeit der erkannten Wesenszüge und die Anwendbarkeit des Verfahrens müssen dann an einer praktischen Aufgabe nachgewiesen werden, so daß fachspezifische Besonderheiten deutlich hervortreten. Die konkrete Orientierung müßte daher auf geographisch-territoriale Aufgaben gerichtet sein wie die Funktionsteilung, die Herausbildung funktionaler Einheiten und der Einfluß spezieller Lagebeziehungen. Allgemeine Probleme wie der Grad der Hierarchisierung oder der Effekt von zufälligen Beziehungen sind fachspezifisch präzisiert worden.

Natürlich kann die ausschließlich methodische Behandlung einer geographischen Problematik allein nicht befriedigen. Sie bedarf der Bewertung durch eine inhaltlich-fachbezogene Auswertung und Interpretation. Grundlegende theoretische Überlegungen, die allgemeine methodische Verfahrensweise sowie die Auswertung und Interpretation von speziellen Fallbeispielen vermitteln andererseits etliche Ansatzpunkte für die Übertragung des allgemeinen methodischen Ansatzes und des konkreten Verfahrens auf Probleme anderer Fachgebiete oder Arbeitsrichtungen.

1. Theoretische Grundlagen

Die philosophische Begründung der Hierarchie gemäß der Dialektik von Teil und Ganzem als Klasse ähnlicher, das aufeinander Aufbauen widerspiegelnder Relationen ist wissenschaftlicher Bestand und kein spezifisch geographischer Ansatz. Die damit vermittelte sukzessive Anordenbarkeit an Hand einer sich aus dem genetischen Zusammenhang ergebenden strukturellen Subordination ist in allen Bewegungsformen der Materie zwischen Mikro- und Makrokosmos zu finden.

Einige Strukturreihen mögen dies beispielhaft veranschaulichen:

a) Elementarteilchen — Atomkern — Atom — Grundmolekül — Molekülverband — Makromolekül;
b) Zellbestandteile — Zelle — Gewebe — Organ — Organismus;
c) Virus — Pflanze — Tier — Mensch;
d) Wohnung — Gehöft — Dorf — Kleinstadt — Stadt — Großstadt — Hauptstadt — Metropole;
e) Ortsteil — Gemeinde — Kreis — Bezirk — Provinz — Staat — Staatenbund;
f) Städte nach ihrer Umlandbedeutung:
Lokalzentren — Mittlere Kreiszentren — Große Kreiszentren — Kleine

Gebietszentren – Partielle Gebietszentren – Große Gebietszentren – Mittlere Bezirkszentren – Große Bezirkszentren – Großzentren;

g) Verkehrsnetz:
Pfad – Weg – Landstraße – Fernverkehrsstraße – Autobahn;

h) Gewässernetz:
Rinnsal – Bach – Nebenfluß – Hauptfluß – Strom;

i) Trabant – Planetoid – Planet – Sonnensystem – Galaxis.

In den einzelnen Strukturreihen regieren die verschiedenartigsten Organisationsprinzipien: In der Elementarteilchenhierarchie sind es ausschließlich physikalische Prinzipien. Die taxonomischen Systeme der lebenden Organismen beruhen auf biologischen Kriterien. Mit den sozialen Verhaltensweisen, ökonomischen Gesetzmäßigkeiten und Verwaltungsprinzipien dominieren bei der Entstehung von Siedlungs- oder Verkehrsnetzen sowie der Verwaltungsgliederung gesellschaftliche Organisationsprinzipien. Auch der Verlauf bestimmter Spiele, z. B. des Schachs, vollzieht sich nach hierarchisch strukturierten Regeln. Ferner sei an wirtschaftliche oder militärische Strukturen bzw. Strategien erinnert. Die Strukturierung des Weltalls gehorcht wiederum physikalischen Gesetzen.

Deutliche Unterschiede zwischen den Organisationsprinzipien sind auch in der Variabilität und damit der Beeinflußbarkeit hierarchischer Strukturen zu verzeichnen. Begriffe wie Selbstorganisation, Steuerbarkeit und bewußte Gestaltung kennzeichnen einige Elemente.

Wie ersichtlich, haben es Natur- und Gesellschaftswissenschaftler beliebiger Disziplinen – mehr oder weniger bewußt – mit hierarchischen Systemen zu tun. Für alle besteht bei der Analyse hierarchischer Strukturen das einende, grundlegende inhaltlich-methodische Problem in der Auswahl der wesentlichen Kopplungsbeziehungen und in deren quantitativer Erfassung. Die Kopplungsmatrizen (Strukturmatrizen) sind die Datenbasis für eine quantitative Analyse der die strukturelle Unterordnung widerspiegelnden Organisationsprinzipien und damit der hierarchischen Strukturen. So zeigte sich z. B., daß die Matrix der Telefongespräche ungeeignet ist, die hierarchische Struktur des Fernsprechnetzes zu beschreiben und zu analysieren. Die quantitativ erfaßte, empirische Strukturmatrix ist also der Ausgangspunkt für die weitere methodische Verarbeitung.

2. Methodische Herangehensweise

Auch die methodische Art und Weise, in der die Entwicklung eines Verfahrens erfolgt, ist nicht typisch geographisch. Jeder mit konkreten, praxisbezogenen Problemen konfrontierte Wissenschaftler wird bestätigen, daß, abgesehen von den bewußt gestalteten Strukturen, in der Realität kaum reine, nur einem theoretischen Grundprinzip folgende Strukturformen existieren.

Seien es freie Elementarteilchen, die nicht an eine hierarchisch aufgebaute stoffliche Struktur gebunden sind, die subjektive Festlegung von Haupt- und Nebenfluß am Zusammenfluß zweier an sich gleichwertiger Flüsse oder die zahlreichen Übergangsformen zwischen den definierten Hierarchiestufen in taxonomischen Systemen der Biologie, stets wird die Überlagerung verschiedener Strukturformen und daher unterschiedlicher Organisationsprinzipien ein Charakteristikum realer Erscheinungen sein.

Verfahrenstechnisch ist deshalb nicht einfach der *Nachweis* bestimmter, die Hierarchie definierender Struktureigenschaften zu führen. Ziel ist vielmehr das *Herausfiltern* des dem theoretischen Konzept der Unterordnung folgenden hierarchisch strukturierten Teils einer empirischen Struktur. Der daraus im Verhältnis zur Gesamtstruktur abgeleitete *Grad der Hierarchisierung* gestattet dann die Einordnung der untersuchten Struktur zwischen absoluter Unterordnung (Hierarchie) und völliger Gleichberechtigung (Symmetrie). Damit verbunden sind Fragen der Austauschbarkeit gleichberechtigter Elemente, der Ersetzbarkeit benachbarter Hierarchiestufen, des Alternierens zwischen Aufbau und Abbau oder Entwicklungs- und Zerfallserscheinungen, so daß sich aus dem Problem der Stabilität hierarchischer Strukturen mannigfache weitere Ansatzpunkte ergeben.

Beispiele im gesellschaftlichen Bereich sind die nicht nur in der Ökonomie anzutreffenden Agglomerations- und Deglomerationseffekte, oder historisch betrachtet der Aufbau und Zerfall von Imperien bzw. das funktionierende Nebeneinander des zentralisierten Frankreich und des kleinstaatlich „organisierten" Deutschland. Aus dem physikalischen Bereich wären etwa die (natürliche) Kernspaltung sowie die Kernfusion zutreffend, ebenso die Bifurkation im Gebiet flacher Flußscheiden.

Die Frage nach den Ursachen, d. h. nach den notwendigen Kräften bzw. Energien zur Aufrechterhaltung der Stabilität bestimmter Organisationsformen, regt weitere Auswertungen und Interpretationen der Analyseergebnisse an.

3. Problemorientierte Ansätze aus der geographischen Ergebnisinterpretation

Bei der inhaltlichen Auswertung von Fallbeispielen stehen die geographisch-territorialen Gesichtspunkte hier im Vordergrund. Die geographische Interpretation konzentriert sich auf den Raum, also die Lagebeziehungen und ihre Bedeutung für die Bildung funktionaler Einheiten oder für die Funktionsteilung. Die Analyse der räumlichen Verteilung von Erscheinungen und Gegebenheiten auf der Erdoberfläche ist ein wichtiges Anliegen geographischer Untersuchungen. Allein der *räumliche Aspekt*, der in den verschiedensten Disziplinen inhaltlich berücksichtigt wird (Biogeographie, Territorialökonomie, Gebietsplanung, Landschaftsforschung usw.), bietet vielfältige nichtgeographische Ansatzpunkte.

Einerseits wird in der Geographie (teils unter Vernachlässigung der kugelförmigen Oberfläche) von den konkreten Erscheinungen auf der Erdoberfläche ausgegangen. Vorwiegend in der euklidischen Ebene ist die räumliche Ausprägung geographischer Erscheinungen nach Gestalt, Verteilung, Wirkungsfeld und Dynamik funktionell und distanziell modellmäßig zu beschreiben.

Andererseits gewinnen sogenannte „Relativräume" in der Geographie zunehmend an Bedeutung. Die damit verbundene Berücksichtigung inhaltlicher Merkmale (Reisezeiten oder -kosten) bei der Entwicklung und Darstellung (mental maps) von Raumvorstellungen, basieren im allgemeinen auf ebenen metrischen Räumen.

Im Rahmen der Hierarchieproblematik untersucht die Geographie sowohl den Einfluß konkreter Gegebenheiten an der Erdoberfläche auf die räumliche Ausprägung funktionaler Organisationsprinzipien als auch die Art und Weise, wie funktionale Prinzipien den Raum zu strukturieren vermögen. Die Analyse derartiger Wechselbeziehungen zwischen dem real existierenden Raum, in diesem Fall der Geosphäre, und den funktionalen Organisationsprinzipien, nimmt daher eine Schlüsselstellung in der bewußten Gestaltung unserer Umwelt ein.

Daß solche Betrachtungsweisen anderen Fachgebieten nicht wesensfremd sind, mögen einige konkrete Zielsetzungen geographischer Untersuchungen belegen.

a) *Inhaltliche Erklärung räumlicher Strukturen*
Den kreisförmigen, sektoralen, konzentrischen, hexagonalen, zonalen oder anderen Strukturen wird im Zusammenhang mit der Beschreibung von Stadtmodellen, Siedlungs-, Verkehrs-, Fluß- oder anderen Netzen bzw. von Einzugs- oder Einflußgebieten, Erreichbarkeitszonen usw. ein konkreter Inhalt zugeordnet.

b) *Inhaltliche Differenzierung regelmäßiger räumlicher Strukturen*
Schachbrettartige, konzentrische, radiale oder andere regelmäßige Strukturen erfahren angesichts der funktionalen Bedeutung des Zentrums, der Randgebiete, der Achsen oder bestimmter Entfernungszonen vom Zentrum eine deutlich strukturierte inhaltliche Differenzierung.

c) *Inhaltliche Bewertung von Lagebeziehungen*
Randlagen, Nachbarschaften, Grenzen, Entfernungen, Interferenzen oder andere Lagebeziehungen werden inhaltlich analysiert und in ihrer Bedeutung für die räumliche Ausprägung funktionaler Organisationsprinzipien bewertet.

d) *Räumliche Ausbreitung inhaltlicher Erscheinungen*
Bei der räumlichen Auswirkung von Attraktivitäten, Informationen, Emissionen und Imissionen, der Migration und Pendelwanderung oder den Transportmöglichkeiten zur Raumüberwindung allgemein dient auf der Grundlage von Informations- oder Wirkungsfeldern, dem Gravitations- oder Potentialkonzept das Zusammenspiel unterschiedlichster „Kraftfelder" als Erklärungsansatz für die räumliche Ausprägung funktionaler Erscheinungen.

Hier wird zwar, orientiert an konkreten Territorien bzw. Landschaften als real existierenden Räumen, der Zugang vorrangig zu den Geowissenschaften hergestellt, die Ansätze sind jedoch einer weiteren Verallgemeinerung fähig.

Jeder Schachspieler ist sich des taktischen Wertes der Hauptdiagonalen sowie der Qualitäten und spezifischen Varianten der räumlichen Absicherung seiner Figuren bewußt. Die örtlichen Besonderheiten des an sich regelmäßigen und einförmigen Rasters schwarzer und weißer Felder äußern sich u. a. in sprichwörtlichen Regeln: „Springer am Rande bringt Schimpf und Schande". Die (möglichst) zentrale Lage einer Hauptstadt, des Zell- oder Atomkerns, die naturgegebene Randlage der Hafenstädte an den Weltmeeren, die Elektronenschalen (Entfernungszonen) oder der Einfluß der isolierten Lage Australiens auf die Entwicklung der Beuteltiere bzw. generell die Auswirkungen ökologischer Nischen mögen zur weiteren Illustrierung genügen. Damit wird unterstrichen, daß die funktionale hierarchische Organisation mit einer bestimmten Aufteilung des Raumes, also bestimmter räumlicher Muster, einhergeht.

Außer den an allgemeinen Sachverhalten aufgezeigten inhaltlichen Ansatzpunkten existieren weitere offene methodische Fragen, deren Lösungen es erlauben, das Programm zukünftig zu erweitern. So steht eine mathematische Formalisierung des dargelegten Hierarchiekonzeptes für *funktionale Strukturen* aus. Dies bedingt die hierarchische Strukturierung auf der Grundlage stetiger Organisationsprinzipien. Hier sind Methoden einzubeziehen, die den qualitativen Sprung von einer Hierarchiestufe zur anderen herausfiltern. Die Entwicklung eines inhaltlich-theoretischen sowie methodisch-rechentechnischen Gebäudes für eine realitätsbezogene, auf die Belange der Praxis abgestimmte Analyse hierarchischer Strukturen ist somit keinesfalls als abgeschlossen zu betrachten.

8. Literatur

Das Literaturverzeichnis ist zugleich Personenregister. Die in eckigen Klammern gedruckten Zahlen verweisen auf die entsprechende Stelle im Text.

Abramowa, N. T., Die Dialektik von Teil und Ganzem. Struktur und Formen der Materie, VEB Dt. Verlag der Wiss., Berlin 1969, S. 69–87 [6, 25, 28]

Asser, G., Grundbegriffe der Mathematik. I. Mengen, Abbildungen, Natürliche Zahlen. Studienbücherei für Lehrer, VEB Dt. Verlag der Wiss., Berlin 1973

Bahrdt, H. P., Industriebürokratie – Versuch einer Soziologie des industrialisierten Bürobetriebes und seiner Angestellten. Soziol. Gegenwartsfragen, Neue Folge, F. Enke, Stuttgart 1958 [5, 47, 117, 123]

Bahrenberg, G., J. Loboda, Einige raumzeitliche Aspekte der Diffusion von Innovationen am Beispiel der Ausbreitung des Fernsehens in Polen. Geographische Zeitschrift **61** (1973) S. 165–194 [43]

Bélanger, M., Y. Brunet, D. Gauthier, H. Manseau, Le complexe périmetropolitain Montréalais. Une analyse del'evolution des populations totales. Rev. Geogr. **26** (1972) 3, S. 241–249 [71]

Berry, B., H. G. Barnum, R. J. Tennant, Retail location and consumer behavior. Papers and Proceedings, No. 9 (1962) S. 65–106 [70]

Berry, B., Essays on commodity flows and the spatial structure of the Indian economy. Research papers, No. 111 (1966), Univ. of Chicago, Dept. of Geography [36, 44, 80]

Berry, B., Hierarchical diffusion: The basis of development filtering and spread in a system of growth centers. English/Mayfield (Ed.) Man, Space and Environment S. 340–359, Oxford University Press, London, Toronto 1972 [43, 70]

Berry, B., Land use, urban form an environmental quality. Research papers, No. 155 (1974), Univ. of Chicago, Dept. of Geography

Bollmann, J., Untersuchungen über die Auswirkung der Zeichenkomplexität in Karten auf elementare Wahrnehmungsprozesse. Diss., Freie Universität, Fachbereich Geowiss., Berlin (West) 1979 [47]

Brown, L. A., D. B. Longbrake, Migration flows in intraurban space: place utility considerations. Annals Assoc. Amer. Geogr. **60** (1970) S. 368–384, Lawrence (Kans.) [70]

Cattel, R. B., A quantitative analysis of the changes in the culture pattern of Great Britain 1837–1937 by P-technique. Acta Psychol. **9** (1953) S. 99–121 [71]

Cattel, R. B., M. Aledsón, The dimensions of social change in U.S.A. as determined by P-technique. Social Forces **30** (1951) S. 190–201 [71]

Chojnicki, Zb., T. Czyż, Metody taksonomii numerycznej w regionalizacji geograficznej (Methoden der numerischen Taxonomie bei der geographischen Raumgliederung). Pånstwowe Wydawnictwo Naukowe, Warszawa 1973 [88]

Christaller, W., Die zentralen Orte Süddeutschlands: Eine ökonomisch-geographische Untersuchung über die Gesetzmäßigkeit der Verbreitung und Entwicklung der Siedlungen mit städtischen Funktionen. Gustav Fischer Verlag, Jena 1933 [38, 40, 41, 42, 44]

Clark, D., Urban linkage and regional structure in Wales: an analysis of change, 1958–1968 (Städtische Verbundenheit und regionale Struktur in Wales: eine Analyse der Veränderung 1958–1968). Trans., Inst. of Brit. Geogr. **58** (1973) 41 [87]

Clark, D., The formal and functional structure of Wales (Die formale und funktionale Struktur von Wales). Annals of the Assoc. of Amer. Geogr. **63** (1973) 71 [87]

Clark, D., Understanding Canonical Correlation Analysis. Concepts and techniques in modern geography (CATMOG) **3** (1975) [72]

Coetzee, J. G., The Classification of Metropolitan Shopping Districts by Menas of Statistical Linkage Analysis. South-African Geographer, Stellenbosch **5** (1975) 1, S. 23–28

Czekanowski, J., Zarys metod statystycznych w zastosowaniu do antropologii. Prace Towarzystwa Naukowego Warszawskiego **5** (1913) [84, 85]

Dombois, H., Hierarchie – Grund und Grenze einer umstrittenen Struktur. Freiburg/Basel/Wien 1971 [6, 45]

Dutta, M. K., Multivariate Grouping Algorithms in Geographic Research: an Overview. Orient. geogr., Dacca, **17** (1973) 2, S. 77–93

Eckey, H.-F., Zwei Methoden zur Abgrenzung und Unterteilung funktionaler Regionen: Die Faktoren- und die Input-Output-Analyse. Raumforschung und Raumordnung, Köln, **34** (1976) 1–2, S. 33–40 [70]

Fedorenko, N. P., E. S. Maiminas, Ju. N. Tscheremnych, Ju. I. Tschernjak, Mathematik und Kybernetik in der Ökonomie. Verlag Die Wirtschaft, Berlin 1973 [84]

Fischer, M., Theoretische und methodische Probleme der regionalen Taxonomie. Bremer Beiträge zur Geographie und Raumplanung, Heft 1 (1978), S. 19–50 [53, 72]

Fischer, M., Eine Methodologie der Regionaltaxonomie: Probleme und Verfahren der Klassifikation und Regionalisierung in der Geographie und Regionalforschung. Bremer Beiträge zur Geographie und Raumplanung, Heft 3 (1982) [72]

Fischer, P., R. Göttner, R. Krieg, Was ist – was kann Statistik? Urania, Leipzig/Jena/Berlin 1975 [68, 69]

Garrison, W. L., D. F. Marble, Factor-analytic study of the connectivity of a transportation network. Papers and Proceedings, No. 12 (1964) 231 [70]

Gellert, W., H. Kästner, S. Neuber, Lexikon der Mathematik. VEB Bibliographisches Institut, Leipzig 1977 [67]
Goddard, J. B., Functional regions within the city centre – a study by factor analysis of taxiflows in central London. Trans., Inst. of Brit. Geogr. **49** (1970) S. 161–182 [70, 87]
Grundmann, L., U. Hengelhaupt, J. Jesche, Rechnergestützte Darstellung räumlicher Interaktionen und inhaltliche Interpretation der Beispielskarte „Arbeitspendelwanderung in der DDR" 1 : 500 000. Wiss. Mitt. des Institutes für Geogr. und Geoökol. der AdW der DDR, Leipzig, **16** (1985) [96, 114]
Gschaider, P., Bildung von räumlichen Diffusionszentren am Beispiel einer Investitionsgüterinnovation. Frankfurter Wirtschafts- und Sozialgeographische Schriften, Frankfurt/Main 1981, Heft 40 [42, 55]
Hägerstrand, T., The propagation of innovation waves. Lund Studies in Geography, Lund, B **4** (1952) [43]
Haggett, P., Einführung in die kultur- und sozialgeographische Regionalanalyse. Walter de Gruyter, Berlin/New York 1973 [21, 39, 40, 41, 42]
Hampl, M., Hierarchie reality a hodnoceni demografických a geodemografických systéma (Die Hierarchie der Realität und die Steuerung von demographischen und geodemographischen Systemen). Acta univ. carolinae, geographica **15** (1980) 2, S. 2–32 [34]
Harff, A., G. Kapelle, Geologische Modelle und Wahrscheinlichkeitsräume. Abhandlungen des Zentr. Geolog. Inst., Heft 39, S. 143–157, Berlin 1977 [47]
Hartshorne, R., The nature of geography: a critical survey of current thought in the light of the past. Lancaster 1939 [69]
Hempel, C. G., P. Oppenheim, Der Typusbegriff im Lichte der neuen Logik – Wissenschaftstheoretische Untersuchung zur Konstitutionsforschung und Psychologie. Leiden 1936 [46]
Henshall, J. D., L. J. King, Some structural characteristics of peasant agriculture in Barbados. Economic Geography **42** (1966) 1, S. 74–84, Worcester (Mass.) [70]
Herz, K., G. Mohs, D. Scholz, Analyse der Landschaft, Analyse und Typologie des Wirtschaftsraumes. Studienbücherei Geographie für Lehrer, Bd. 6, Gotha/Leipzig 1980 [24, 36, 44, 45]
Hörz, H., Materiestruktur – Dialektischer Materialismus und Elementarteilchenphysik. VEB Deutscher Verlag der Wissenschaften, Berlin 1971 [9]
Illeris, S., P. O. Pedersen, Central places and functional regions in Denmark. Factor analysis of telephone traffic. Lund studies in geography, B-31 (1968) S. 1–18, Lund [70, 87]
Isard, W., The Interregional and Regional Input-Output-Analysis: A Model of Space Economy. The Review of Economics and Statistics **32** (1951) S. 318–328 [84]

Jeffrey, D., Regional fluctuation in unemployment within the U.S. urban economic systems: A study of the spatial impact of short term economic change. Economic Geography **50** (1974) 2, S. 111–123, Worcester (Mass.) [71]

Känel, A. v., Zur Anwendung numerischer Methoden in der Ökonomischen Geographie – Ein einführendes Literaturreferat. Ernst-Moritz-Arndt-Universität, Greifswald 1969 (unveröff. Manuskript)

Kantorowitsch, L. W., A. B. Gorstko, Die Mathematik in der Ökonomie. Wissenschaft und Menschheit, Leipzig, **5** (1969) S. 328–349 [84]

Kilchenmann, A., Quantitative Geographie als Mittel zur Lösung von planerischen Umweltproblemen. Geoforum **12** (1972) S. 53–71 [46, 84]

Kilchenmann, A., Operationalisierte geographische (räumliche) Interaktionstheorie. Karlsruher Manuskripte zur Mathematischen und Theoretischen Wirtschafts- und Sozialgeographie, Heft 18 (1976) [50]

Klaus, G., M. Buhr (Hrsg.), Philosophisches Wörterbuch in 2 Bd., VEB Bibliographisches Institut, Leipzig 1974 [6, 7, 9, 29]

Klaus, G., H. Liebscher (Hrsg.), Wörterbuch der Kybernetik, Dietz Verlag, Berlin 1976 [15]

Klingbeil, D., Zeit als Prozeß und Ressource in der sozialwissenschaftlichen Humangeographie. Geographische Zeitschrift **68** (1980) S. 1–32, Wiesbaden [42]

Krönert, R., O. Margraf (Hrsg.), Räumliche Informationssysteme für die geographische Forschung. Wiss. Mitt. des Inst. f. Geogr. und Geoökol. der AdW der DDR, Leipzig, **15** (1985) [126]

Laue, R., Elemente der Graphentheorie und ihre Anwendung in den biologischen Wissenschaften. Akademische Verlagsgesellschaft Geest & Portig KG, Leipzig 1970 [57]

Lautensach, H., Über die Begriffe Typus und Individuum in der geographischen Forschung. Münchner Geographische Hefte **3**, Regensburg 1953 [46]

Leontief, W. W., Methoden der Input-Output-Analyse. Allgemeines Statistisches Archiv **32** (1952) [84]

Lopatnikow, L. I., Schlag nach – Mathematisch-ökonomische Methoden. Verlag Die Wirtschaft, Berlin 1975

Lösch, A., The economics of location. New Haven 1954 [37, 39, 41, 44]

Lotz, G., D. Schulze, Forschungstechnologie – Gegenstand und Aufgabe. Beiträge zur Forschungstechnologie, Berlin **9** (1983) S. 8–29 [4]

Lüdemann, H., F. Grimm, R. Krönert, H. Neumann (Hrsg.), Stadt und Umland in der Deutschen Demokratischen Republik, Gotha/Leipzig 1979 [115, 116, 120]

Maik, W., A Graph Theory Approach to the Hierarchical Ordering of Elements of the Settlement System (Ein graphentheoretischer Versuch zur hierarchischen Ordnung von Elementen des Siedlungssystems). Quaestiones Geographicae, Poznán, **4** (1977) S. 95–108 [4, 21, 22, 67, 86]

Margraf, O., Zur quantitativen Bestimmung der Intensität stochastischer Zusammenhänge in der Geographie. Geographische Berichte, Nr. 85, Gotha/Leipzig, **22** (1977) 4, S. 296–308 [75]

Margraf, O., Geographische Strukturanalyse unter dem methodischen Gesichtspunkt einer sukzessiven Abarbeitung von Datenmatrizen. Petermanns Geographische Mitteilungen **127** (1983) 3, S. 153–158 [68]

Margraf, O., Grundprinzipien für den Aufbau eines EDV-gestützten geographischen Informationssystems. Wiss. Mitt. des Inst. für Geogr. und Geoökol. der AdW der DDR, Leipzig, **15** (1985) S. 23–40 [126]

McQuitty, L. L., Elementary linkage analysis for isolating orthogonal and oblique types and typical relevancies (Elementare Verbindungsanalyse zur Isolierung rechtwinkliger und schiefwinkliger Typen und typischer Sachverhalte). Educational and Psychological Measurement **17** (1957), S. 207–229 [86, 87]

Megee, M., Economic factors and economic regionalization in the U.S. Geografisker Annaler, B-47 (1965) 2, S. 125–137, Stockholm [70]

Meise, J., A. Volwahsen, Stadt- und Regionalplanung – Ein Methodenhandbuch, Braunschweig 1980 [69]

Meyers Enzyklopädisches Lexikon in 25 Bänden (9. Aufl.), Band 12, Bibliogr. Inst., Mannheim/Wien/Zürich 1974 [5]

Mühlbacher, J., Datenstrukturen. Carl Hanser Verlag, München/Wien 1975 [53, 57]

Mühlbacher, J. (Hrsg.), Datenstrukturen, Graphen, Algorithmen. Carl Hanser Verlag, München/Wien 1978

Naas, J., H. L. Schmid, Mathematisches Wörterbuch, Akademie-Verlag Berlin und BSB B.G. Teubner Verlagsgesellschaft Leipzig, Berlin/Leipzig 1974 [65]

Neef, E., Die theoretischen Grundlagen der Landschaftslehre, Gotha 1967 [1, 54]

Nehm, W., Angewandte Strukturtheorie rechentechnisch verwirklicht. rechentechnik/datenverarbeitung **18** (1981) 5, S. 11–13 [129]

Nehm, W., Strukturtransformationen und ihre Anwendung auf Prozeß-, System- und Operandenstrukturen. Diss. (A), Technische Universität, Dresden 1982 [129]

Nemtschinow, W. S., Anwendung mathematischer Methoden in der Ökonomie. B.G. Teubner Verlagsgesellschaft, Leipzig 1963 [53]

Nemtschinow, W. S., Ökonomisch-mathematische Methoden und Modelle. Verlag Die Wirtschaft, Berlin 1965 [84]

Nemtschinow, V. S., V. S. Dadajan, Mathematische Methoden in der Wirtschaft. Verlag Die Wirtschaft, Berlin 1966 [53]

Nemtschinow, W. S., L. W. Kantorowitsch, Die Anwendung der Mathematik bei ökonomischen Untersuchungen. Verlag Die Wirtschaft, Berlin 1967 [53]

Neumann, H., Territoriale Wirkungsbedingungen und Entwicklungstendenzen der Pendelwanderung – Möglichkeiten und Aspekte künftiger Gestaltung (dargestellt an Hand der Analyse der Pendelwanderung und ihrer Wechselbeziehungen mit territorialen Einflußfaktoren in einem Beispielsgebiet). Diss. (A), Martin-Luther-Universität, Halle-Wittenberg 1974 [113]

Neumeister, H., Das „Schichtkonzept" und einfache Algorithmen zur Vertikalverknüpfung von „Schichten" in der physischen Geographie. Petermanns Geographische Mitteilungen, Gotha/Leipzig, **123** (1979) 1, S. 19–23 [54]

Ng, Ronald C. Y., Recent internal population movement in Thailand (Aktuelle innere Bevölkerungsbewegungen in Thailand). Annals, Assoc. Am. Geogr. **59** (1969) 4, S. 710–730 [86]

Ng, Ronald C. Y., Internal migration regions in Scotland (Interne Migrationsregionen in Schottland). Geografisker Annaler, 52 B (1969) S. 139–147 [86]

Nystuen, J. D., M. F. Dacey, A graph theory interpretation of nodal regions (Eine graphentheoretische Darstellung von Kernregionen). Papers of the Regional Science Assoc. **7** (1961) S. 29–42 [4, 15, 16, 20, 21, 22, 53, 67, 86, 87, 103]

Owtschinnikow, N. F., Die Kategorie Struktur in den Naturwissenschaften. Struktur und Formen der Materie, VEB Dt. Verlag der Wiss., Berlin 1969, S. 17–47 [9, 11, 12]

Peschel, M., Modellbildung für Signale und Systeme. VEB Verlag Technik, Berlin 1978 [49]

Philbrick, A. K., Hierarchical nodality in geographical time – space. Economic Geography, Worcester, **58** (1982) 1, S. 1–19

Reinisch, K., Kybernetische Grundlagen und Beschreibung kontinuierlicher Systeme. VEB Verlag Technik, Berlin 1974 [11, 30, 31, 32, 33]

Reinisch, K., R. Straubel, Methodologische Aspekte der mathematisch-kybernetischen Systemanalyse – Hierarchische Strukturen. Anwendungsaspekte der Systemanalyse. Hrsg. A. Sydow, Akademie-Verlag, Berlin 1980, S. 27–47 [30]

Sauschkin, J. G., Studien zu Geschichte und Methodologie der geographischen Wissenschaften. VEB Hermann Haack, Gotha/Leipzig 1978 [68]

Schallehn, W., Einige theoretische Grundlagen für ein hierarchisch aufgebautes System zur Ablauforganisation. Wiss. Z. d. HS für Bauwesen, **64** (1976) 3, S. 165–170 [33]

Schmidt, G., Zur Bedeutung des Einsatzes mathematischer Methoden in den geographischen Wissenschaften. Geographische Berichte, Nr. 78, **21** (1976) 1, S. 54–58, Gotha [68, 69]

Schmidt, G., Grundfragen der Aufbereitung statistischen Materials in der Geographie. Geographische Berichte, Nr. 80, **21** (1976) 3, S. 205–111, Gotha [44, 71]

Schmidt, G., O. Margraf, Die Klassifikation von Zentren mittels der Faktorenanalyse und Dendrogrammen. Petermanns Geographische Mitteilungen **120** (1976) 2, S. 108–115, Gotha/Leipzig [88, 115, 116]

Schmidt, G., Stichprobenverfahren in der Geographie. Geographische Berichte, Nr. 82, **22** (1977) 1, S. 50–56, Gotha [71]

Schmidt, G., O. Margraf, Halbquantitative Verfahren für geographische Untersuchungen. I. Skalogrammanalyse, Polaritätsprofil, Czekanowski-Diagramm. Geographische Berichte, Nr. 90, **24** (1979) 1, S. 47–55, Gotha [74, 84]

Schmidt, R., Umfang und Bedeutung ausgewählter versorgungsräumlicher Stadt-Umland-Beziehungen in der DDR. Diss. (A), Martin-Luther-Universität, Halle-Wittenberg 1974 [113]

Scholz, D., G. Kind, E. Scholz, H. Barsch, Geographische Arbeitsmethoden. VEB Hermann Haack, Gotha/Leipzig 1976 [36, 38, 44, 45]

Schott, D., Zu Grundlagen des Strukturbegriffes. Rostocker Philosoph. Manuskripte, H. 14, Rostock 1975 [11]

Schwarz, G., Allgemeine Siedlungsgeographie. Lehrbuch der Allgemeinen Geographie, VI, Berlin (West) 1966, 3. neubearb. Aufl. [36, 40, 54]

Slater, P. B., A hierarchical regionalization of Japanese prefectures using 1972 interprefectural migration flows (Eine hierarchische Regionalisierung der japanischen Präfekturen unter Ausnutzung der Migrationsströme von 1972 zwischen den Präfekturen). Regional Studies **10** (1976) S. 123–132 [4, 86]

Steiner, D., Ein geographisches DV-System auf Minicomputer-Basis. Zürcher Geographische Schriften **1** (1981), S. 5–29 [127]

Stephenson, J., On functional regions and indirect flows (Über funktionale Regionen und indirekte Ströme). Geographical Analysis **4** (1974) 4, S. 383–385 [88, 123]

Stoschek, E., Angewandte Strukturtheorie. Akademie-Verlag, Berlin 1981 [15, 50, 51, 53, 57, 64, 65, 66, 88, 127]

Szyrmer, J., Propozycja zastosowania nowej metody taksonomicznej do typologii rolnictwa (Vorschlag zur Anwendung einer neuen taxonomischen Methode bei der Typisierung der Landwirtschaft). Przeglad Geograficzny, Warszawa, **45** (1973) 4, S. 739–756 [4, 86, 88]

Thünen, J. H. v., Der Isolierte Staat in Beziehung auf Landwirtschaft und Nationalökonomie. Verlag von Wiegandt, Hempel & Parey, Berlin 1875 [36, 68]

Thürmer, R., Das Aufdecken von Kausalstrukturen (unveröff. Manuskript), Leipzig 1981 [72, 73, 75, 84, 127]

Überla, K., Faktoranalyse. Eine systematische Einführung für Psychologen, Mediziner, Wirtschafts- und Sozialwissenschaftler. Springer-Verlag, Berlin/Heidelberg/New York 1971 [69, 72]

Usbeck, H., E. Bacinski, Die Anwendung der kanonischen Korrelationsanalyse bei der Untersuchung der Beziehungen zwischen Bevölkerungsentwicklung und territorialem Bedingungsgefüge. Geographische Berichte, Nr. 109, 28 (1983), Gotha [72]

Vincent, P. J., The classification of glacial tills. A factoranalytical study. Geographia polonica, No. 28 (1974) S. 49–57, Warszawa [70]

Vogel, H., Struktur als philosophisches Problem. K.-T. Wessel (Hrsg.), Struktur und Prozeß, Berlin 1977, S. 15–30 [9, 11, 24, 50]

Wagner, G., Zu Grundfragen und Wegen der optimalen Entwicklung von Siedlungssystemen. Thesen zum Vortrag auf dem Arbeitsseminar der Berufsgeographen der Geogr. Gesellsch. d. DDR, Leipzig 1972 [40]

Weber, A., Über den Standort der Industrien, Tübingen 1909 [36]

Weber, E., B. Benthien, Einführung in die Bevölkerungs- und Siedlungsgeographie. VEB Hermann Haack, Gotha/Leipzig 1976 [37, 38, 42]

Wheeler, J. O., Trip purposes and urban activity linkages. Annals Assoc. Amer. Geogr. 62 (1972) 4, S. 641–654, Lawrence (Kans.) [70]

Wintgen, G., Zur mengentheoretischen Definition und Klassifizierung kybernetischer Systeme. Wiss. Z. der Humboldt-Universität Berlin, Gesellsch.-Sprachwiss. Reihe 17 (1968) 6, S. 867–885 [53]

Wollkopf, M., Territoriale Aspekte der Versorgung der Bevölkerung in der DDR mit ausgewählten agraren Frischprodukten – eine ökonomisch-geographische Untersuchung unter besonderer Berücksichtigung der Obst- und Gemüsewirtschaft. Diss., Ernst-Moritz-Arndt-Universität, Greifswald 1976 [87]

Young, G. L., Hierarchy and central places: some questions of more general theory. Geograficka Annaler, 60 B (1978) 2, S. 71–78 [35]

Zablockij, G. A., Prinzipien zur Modellierung der funktionell-gestalterischen Struktur eines Besiedlungssystems. Bauforschung/Baupraxis, Wiss. Beiträge, Heft 20, Berlin 1978, S. 82–88 [4, 86]

Zündorf, L., Hierarchie in Unternehmen – Organisation regelt Beziehungen. forschung, Mitteilungen der DFG, 1981, 1, S. 26–28 [5]

9. Sachregister

Unterstreichung – 21 – bedeutet Begriffsdefinition,
Klammern um die Seitenzahl – (31) – bedeutet begriffserläuternde graphische Darstellung,
Hinweis auf folgende Seiten – 41 ff. – bedeutet begriffserläuternder Abschnitt.

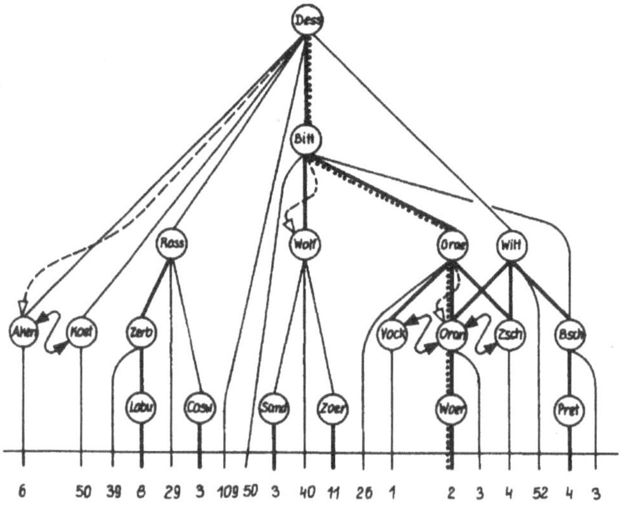
Dess
Bitt
Ross
Wolf
Witt
Aken
Kost
Zerb
Lobu
Cosw
Sand
Zoer
Yock
Oran
Zsch
Bsch
Woer
Pret
6 50 39 8 29 3 109 50 3 40 11 26 1 2 3 4 52 4 3

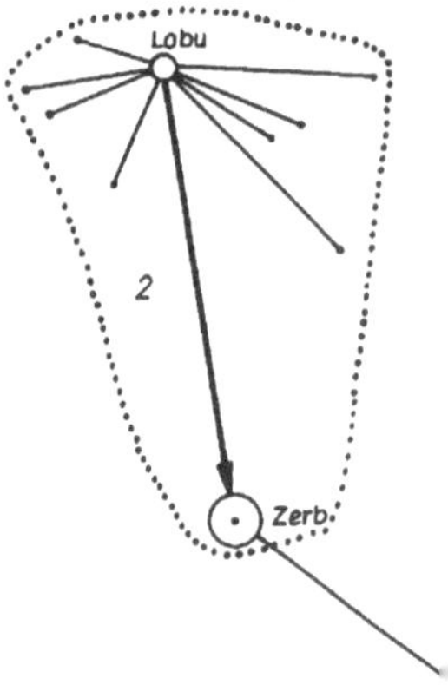
Lobu
2
Zerb.

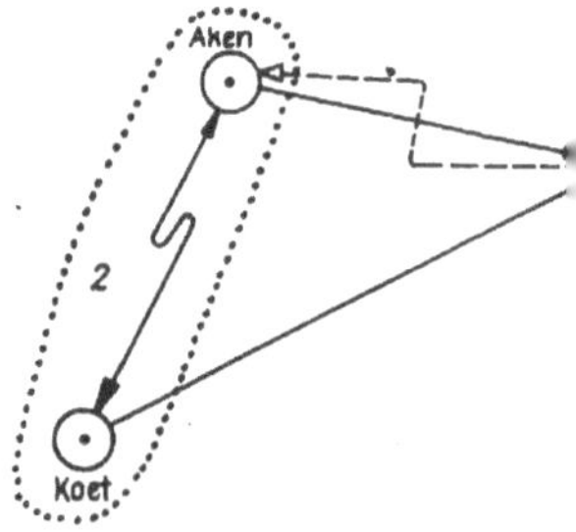
Aken
2
Koet

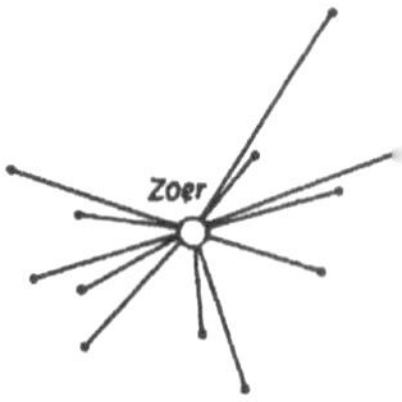
Zoer

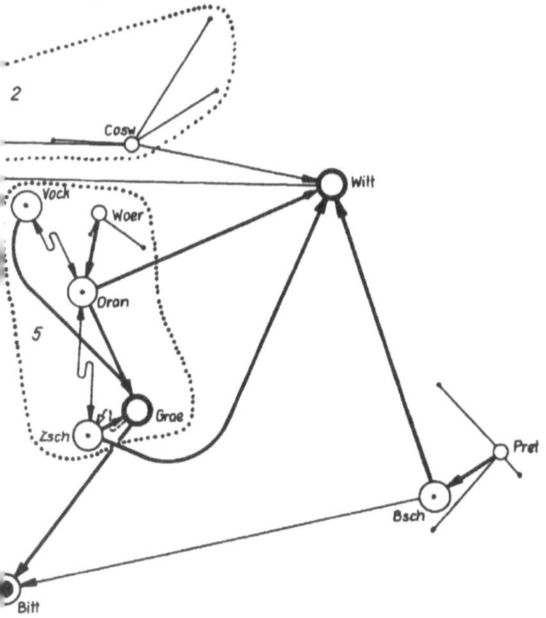

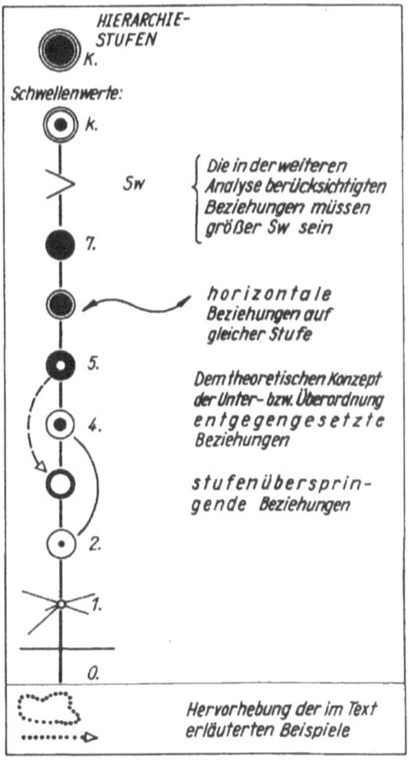

Abb. 30. Hierarchische Struktur der spezialärztlichen Versorgung MAARZS
a) Halbordnungsstruktur (KM = 0)
b) räumlicher Strukturgraph (KM = 0)

763 725 2 (2167/16) Beiträge zur Forschungstechnologie, Band 16:
Margraf, Quantitative Analyse hierarchischer Strukturen (1987).
ISBN 3-05-500340-3 ISSN 0323-5130

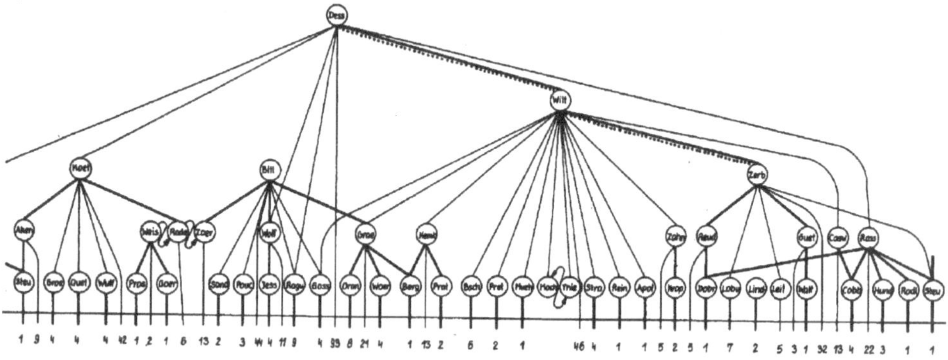
Dess
Wilt
Zerb
Zahn
Casw
Ross
Stru
Rein
Apol
Nop
Lobe
Leit
Walt
Rodi
Stru

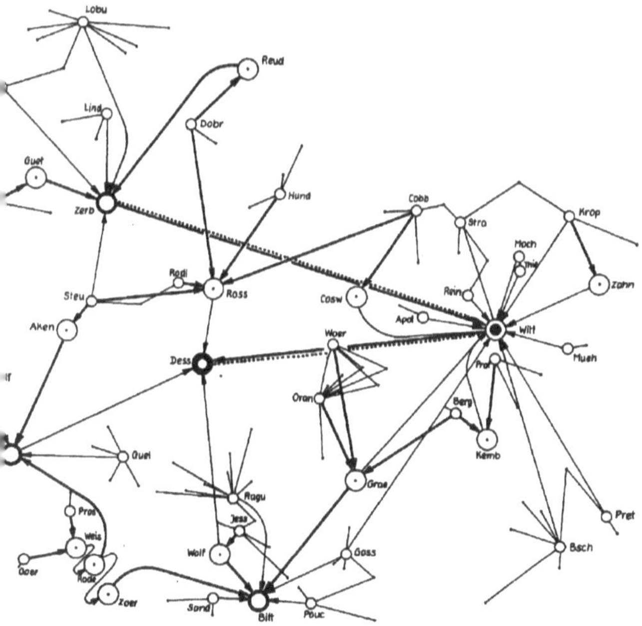

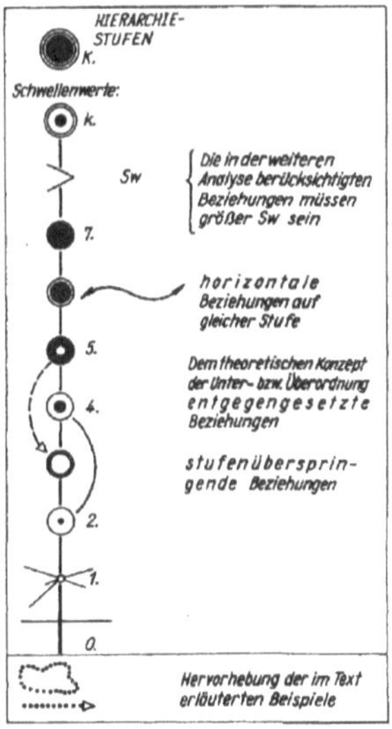

Abb. 29. Hierarchische Struktur des Handels MAHAND
a) Halbordnungsstruktur (KM = 0)
b) räumlicher Strukturgraph (KM = 0)

763 725 2 (2167/16) Beiträge zur Forschungstechnologie, **Band** 16:
Margraf, Quantitative Analyse hierarchischer Strukturen (1987).
ISBN 3-05-500340-3 ISSN 0323-5130

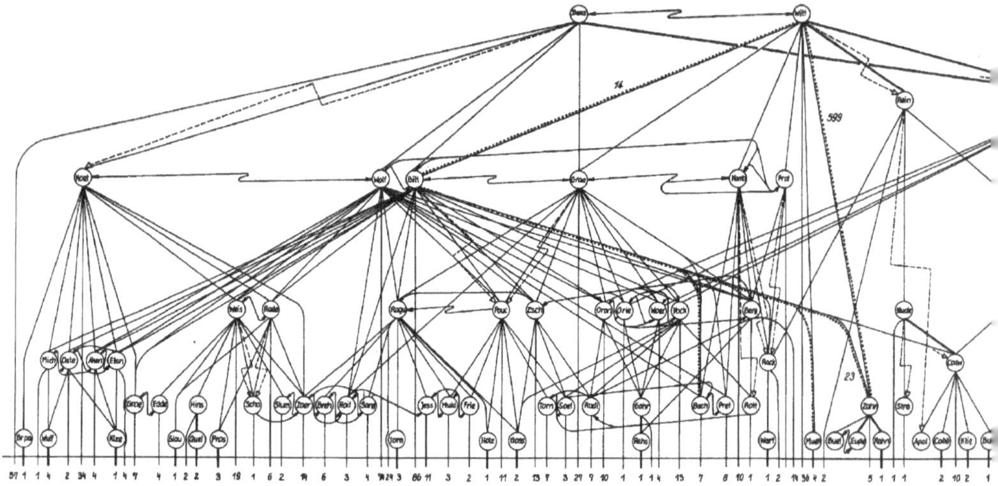

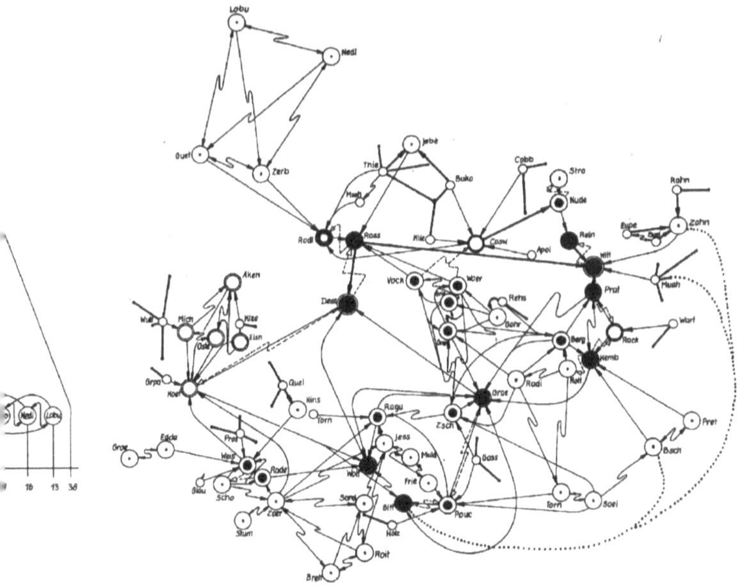

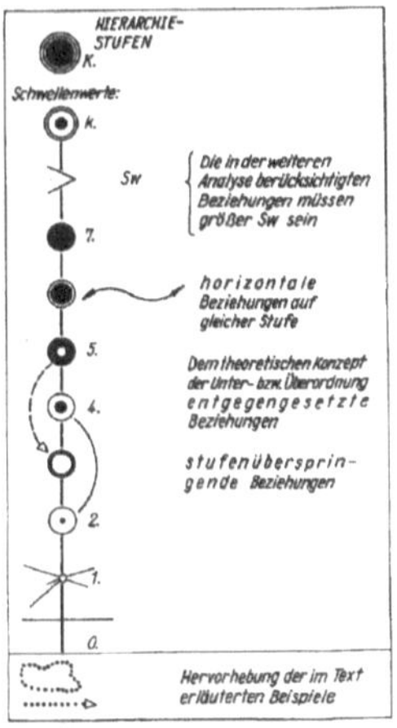

Abb. 28. Hierarchische Struktur der Pendlerbeziehungen MAPEND
a) Halbordnungsstruktur (KM = 0)
b) räumlicher Strukturgraph (KM = 0)

763 725 2 (2167/16) Beiträge zur Forschungstechnologie, Band 16:
Margraf, Quantitative Analyse hierarchischer Strukturen (1987).
ISBN 3-05-500340-3 ISSN 0323-5130

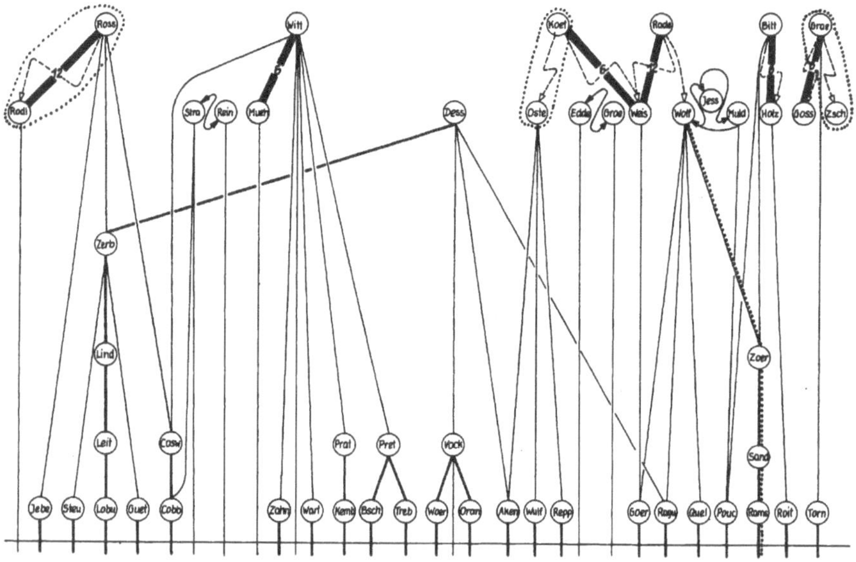
Ross
Rodi
12
Witt
Stra
Rein
Mush
5
Dess
Koet
Oste
Edda
Oros
Weis
6
Rade
2
Wolf
Jess
Muld
Bitt
Holz
Bros
Goss
Zsch
Zerb
Lind
Leit
Casw
Prat
Pret
Vock
Zoer
Sand
Jebe
Steu
Lobu
Ouet
Cobb
Zahn
Warl
Kemb
Bsch
Treb
Woer
Oran
Aken
Wulf
Repp
Goer
Ragu
Quel
Pouc
Rame
Roit
Torn

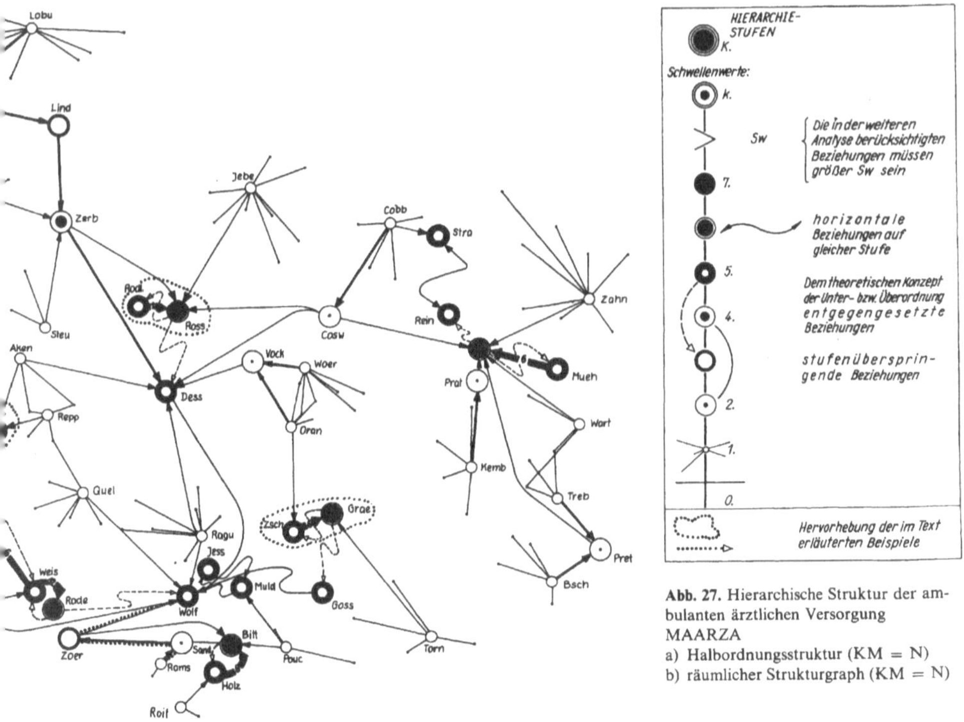

Abb. 27. Hierarchische Struktur der ambulanten ärztlichen Versorgung MAARZA
a) Halbordnungsstruktur (KM = N)
b) räumlicher Strukturgraph (KM = N)

763 725 2 (2167/16) Beiträge zur Forschungstechnologie, Band 16:
Margraf, Quantitative Analyse hierarchischer Strukturen (1987).
ISBN 3-05-500340-3 ISSN 0323-5130

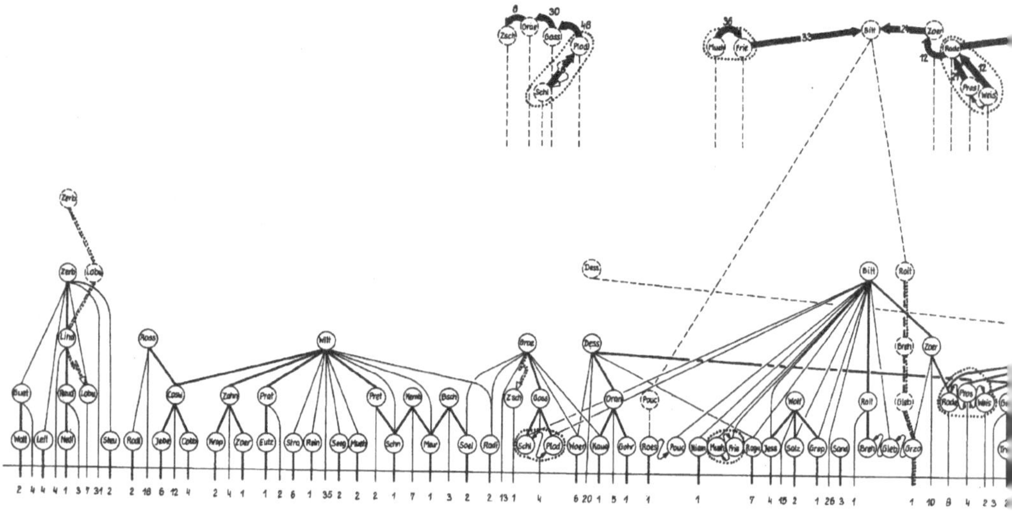

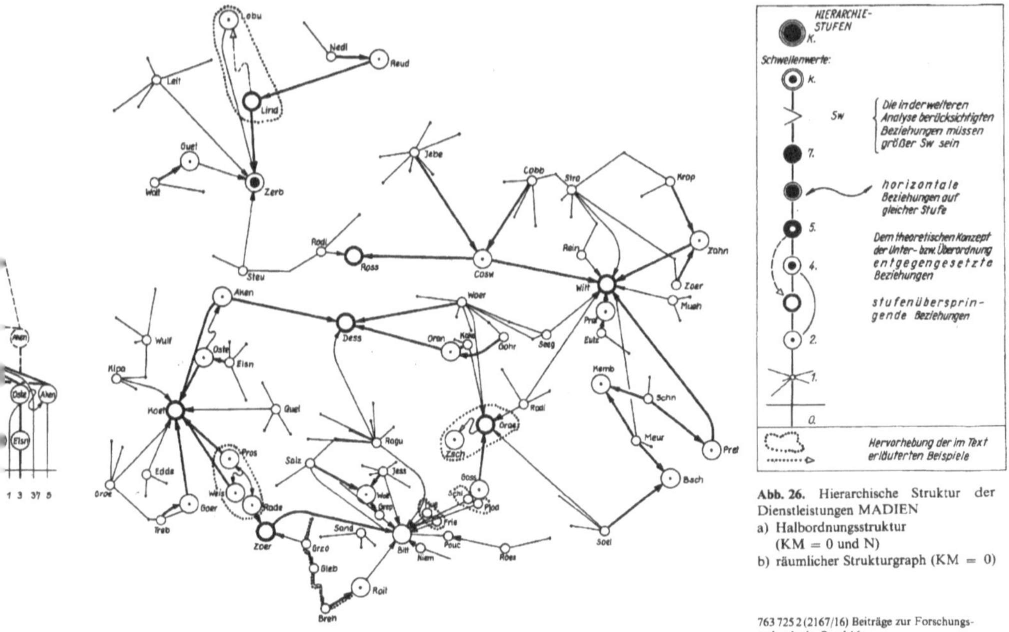

Abb. 26. Hierarchische Struktur der Dienstleistungen MADIEN
a) Halbordnungsstruktur
(KM = 0 und N)
b) räumlicher Strukturgraph (KM = 0)

763 725 2 (2167/16) Beiträge zur Forschungstechnologie, Band 16:
Margraf, Quantitative Analyse hierarchischer Strukturen (1987).
ISBN 3-05-500340-3 ISSN 0323-5130

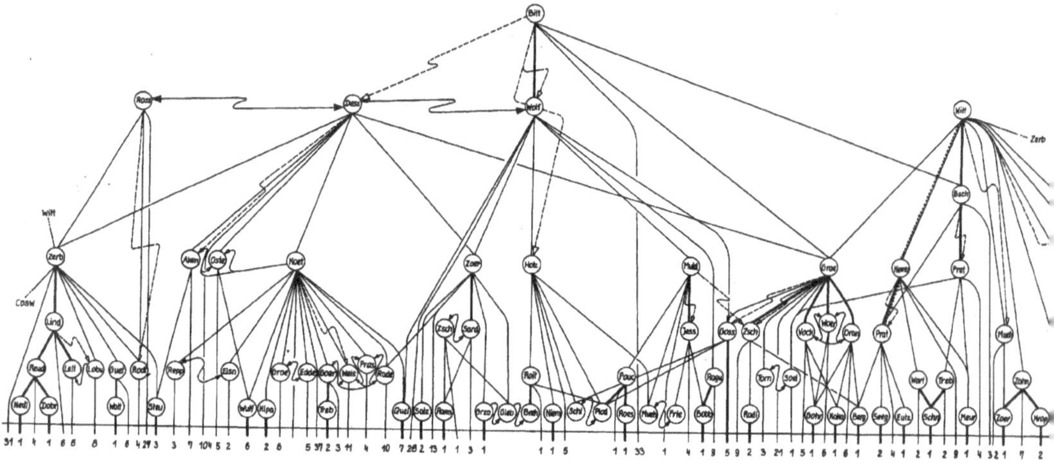

Bitt
Ross
Dess
Wolf
Witt
Zerb
Bach
Witt
Coaw
Zerb
Lind
Koet
Zoer
Holz
Muld
Groe
Pret
Jess
Doss
Zsch
Elsn
Wulf
Klpa
Treb
Steu
Rolt
Schl
Roes
Fuss
Zahn
Meur

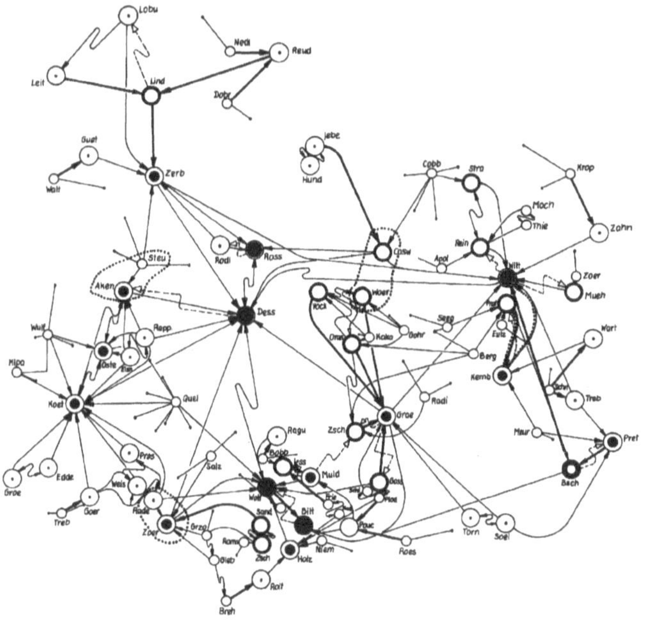

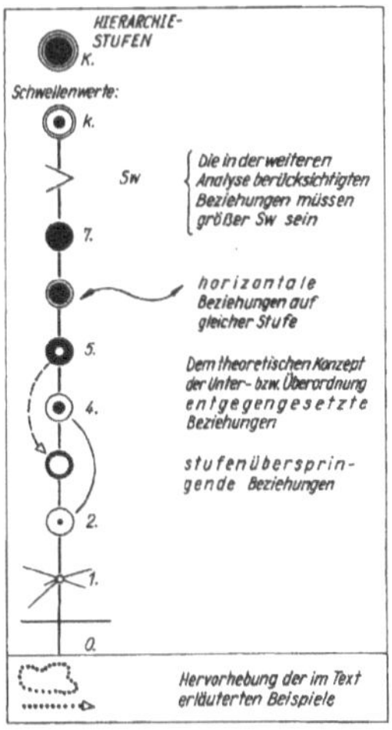

Abb. 25. Hierarchische Struktur der Versorgungsbeziehungen (insgesamt) MAVERGES
a) Halbordnungsstruktur (KM = 0)
b) räumlicher Strukturgraph (KM = 0)

763 725 2 (2167/16) Beiträge zur Forschungstechnologie, Band 16:
Margraf, Quantitative Analyse hierarchischer Strukturen (1987).
ISBN 3-05-500340-3 ISSN 0323-5130

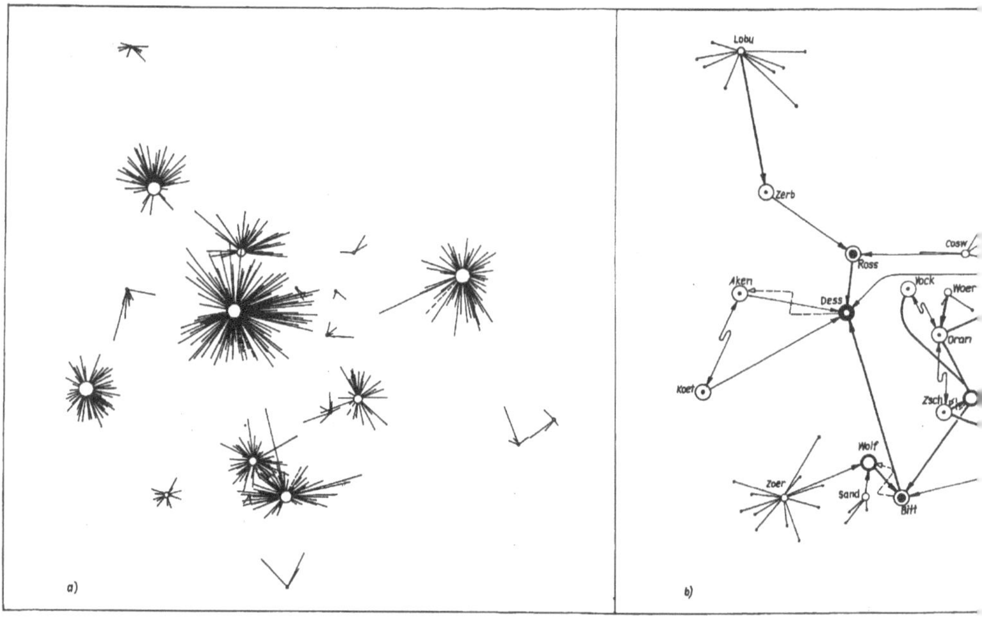

a)
Lobu
Zerb
Cosw
Ross
Aken
Dess
Yock
Woer
Oran
Koet
Zsch
Wolf
Zoer
Sand
Bitt
b)

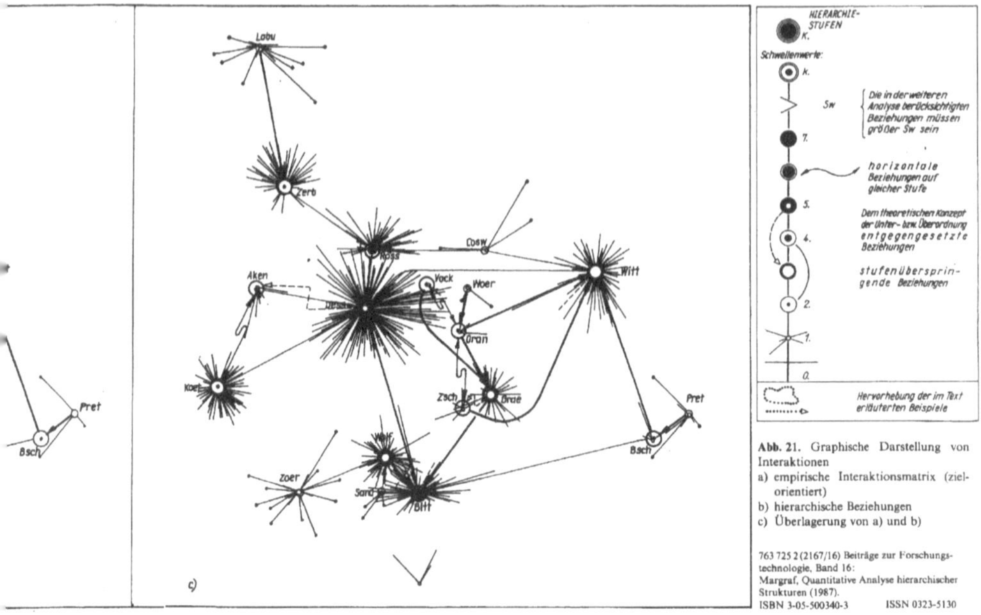

Abb. 21. Graphische Darstellung von Interaktionen
a) empirische Interaktionsmatrix (zielorientiert)
b) hierarchische Beziehungen
c) Überlagerung von a) und b)

763 725 2 (2167/16) Beiträge zur Forschungstechnologie, Band 16:
Margraf, Quantitative Analyse hierarchischer Strukturen (1987).
ISBN 3-05-500340-3 ISSN 0323-5130

FSC
www.fsc.org
MIX
Papier | Fördert
gute Waldnutzung
FSC® C083411

Kolibri 360 GmbH
Ferdinand-Jühlke-Straße 7
99095 Erfurt, Deutschland
produktsicherheit@kolibri360.de